Phänomen Honigbiene

Jürgen Tautz

PHÄNOMEN
HONIGBIENE

Mit Fotografien von Helga R. Heilmann

 Springer Spektrum

Autor
Prof. Dr. Jürgen Tautz
BEEgroup, Biozentrum Universität Würzburg,
Am Hubland, 97074 Würzburg
www.beegroup.de

ISBN 978-3-1845-6

Die Deutsche Nationalbibliothek verzeichnet diese Publikation in der Deutschen Nationalbibliografie; detaillierte bibliografische Daten sind im Internet über http://dnb.d-nb.de abrufbar.

Springer Spektrum

Planung und Lektorat: Frank Wigger, Imme Techentin
Fotos: Helga R. Heilmann
Satz: klartext, Heidelberg
Einbandabbildung: Helga R. Heilmann
Einbandentwurf: wsp design Werbeagentur GmbH, Heidelberg

Gedruckt auf säurefreiem und chlorfrei gebleichtem Papier

Springer Spektrum ist eine Marke von Springer DE. Springer DE ist Teil der Fachverlagsgruppe Springer Science+Business Media.
www.springer-spektrum.de

Ein Bienenvolk ist die wohl wunderbarste
Art der Natur, Materie und Energie in
Raum und Zeit zu organisieren.

Gewidmet Martin Lindauer, Mentor der Würzburger Bienengruppe,
herausragender Wissenschaftler und großartiger Mensch

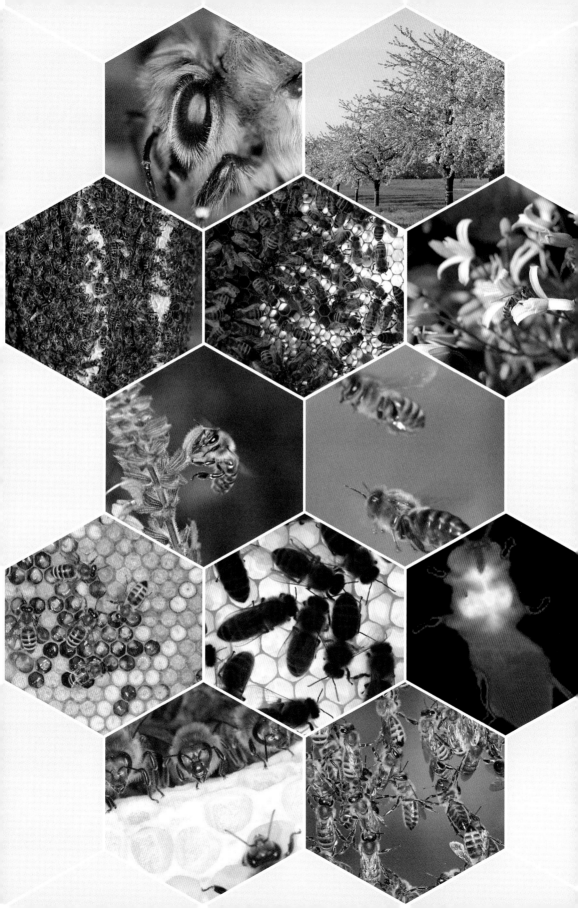

Inhalt

Vorwort

Honigbienen faszinieren den Menschen, seit es geschriebene Geschichte gibt und vermutlich schon sehr viel länger. Als Lieferanten von Honig sind Bienen seit jeher geschätzt, aber auch das Wachs als Naturstoff war bereits sehr früh von überragender Bedeutung. Das geordnete Zusammenleben Tausender von Bienen in einem Volk übte eine ebenso große Faszination aus wie die eindrucksvoll regelmäßigen geometrischen Muster ihrer Waben. Dem modernen Menschen dienen die Honigbienen nicht nur als eifrige Mitarbeiter in der Landwirtschaft, sondern auch als Indikatoren für den Zustand unserer Umwelt und als Zeugen für ein intaktes Zusammengehen von Mensch und Natur.

Die Honigbiene galt zudem durch die Zeiten hindurch in allen Kulturen, die diese Tiere kannten, als Symbol für positive und erstrebenswerte Eigenschaften wie Harmonie, Fleiß und Selbstlosigkeit. Heute enthüllt die moderne Bienenforschung Details, die den Bienen diese Art „Entrücktheit" nehmen, uns aber zugleich tiefe Einblicke in das Innenleben einer der erstaunlichsten Lebensformen gewähren, die wir kennen.

Dieses Buch soll etwas von der Faszination vermitteln, die von den Honigbienen ausgeht. Zugleich soll es neue, aktuelle Einsichten mit bekanntem Wissen verknüpfen. Aber es soll auch klar machen, dass wir lange noch nicht alles über die Honigbiene wissen, geschweige denn sie vollständig verstehen. Viele spannende Einsichten stehen uns also noch bevor.

Der rote Faden durch das Buch ist die erstaunliche Tatsache, dass die Kolonien der Honigbienen Errungenschaften zeigen, die wir in dieser Kombination auch bei einer weiteren höchst entwickelten Tiergruppe, den Säugetieren, finden, und dass sie dies mit der Unsterblichkeit einfacher einzelliger Lebewesen verbinden. Die Bienenkolonie kombiniert, wenn man so will, Erfolgsrezepte der Vielzeller mit Erfolgsrezepten der Einzeller und nimmt damit in der Welt des Lebendigen eine Sonderstellung ein.

Gerade in den Lebenswissenschaften sagen Bilder oft mehr aus als aufwendige sprachliche Schilderungen; daher haben wir beschlossen, dieses Projekt von Anfang an in Wechselwirkung zwischen Text und Bild zu gestalten. Ganz bewusst verzichtet haben wir – von wenigen Ausnahmen abgesehen – auf Hinweise zu Fachveröffentlichungen, Autoren und Entdeckern. Dafür bieten wir den interessierten Lesern eine buchbegleitende Website an (erreichbar über http://www.beegroup.de), die zu jedem Kapitel wichtige Zusatz- oder Hintergrundinformationen bereithält, seien es Literaturangaben, Internetlinks, Fotos, Videoclips, Soundfiles oder Ähnliches. Diese Website pflegen und aktualisieren wir in Abständen, so dass das Momentbild, das dieses Buch vermittelt, ein wenig Bewegung erhält.

Die Honigbiene ist für uns Menschen ein *Phänomen* im reinen Sinne. Das griechische Stammwort φαινόμενο (fänómäno) steht für etwas, das sich zeigt oder erscheint, und wir meinen, dass der Begriff diesen Superorganismus sehr gut charakterisiert: Seine Natur erweist sich nämlich stets von Neuem als „Phänomen". In ganz kleinen Schritten nähern wir uns immer tieferen Einsichten in diesen Superorganismus, der uns seine Geheimnisse, wie es scheint, nur zögernd preisgibt und nur langsam aus dem Nebel der Unkenntnis auftaucht. Was man aber bei der Beschäftigung mit Honigbienen erfahren kann, ist so erstaunlich, dass es jeden Aufwand lohnt.

Je mehr es uns gelingt, in die Geheimnisse der Honigbienen einzudringen, desto größer wird unser Erstaunen – und unsere Sucht, immer noch tiefer in diese Wunderwelt vorzustoßen. Schon Karl von Frisch (1886–1982), der große Altmeister der Honigbienenforschung, hat es treffend gesagt: »Der Bienenstaat gleicht einem Zauberbrunnen; je mehr man daraus schöpft, desto reicher fließt er.«

Wenn ein Leser nach der Lektüre dieses Buches die erste Honigbiene, auf die er anschließend trifft, eine kleine Weile länger betrachtet als sonst üblich und sich vielleicht sogar an den einen oder anderen für ihn überraschenden Aspekt der Bienenwelt erinnert, haben wir mit dem Buch viel erreicht.

Für die Unterstützung bei der Vorbereitung und Durchführung dieses Buchprojekts bedanken wir uns herzlich bei den Mitgliedern der BEEgroup Würzburg und dem Team von Spektrum Akademischer Verlag.

Würzburg, November 2006
Jürgen Tautz, Helga R. Heilmann

Nachtrag 2012

Um noch mehr – und gerade auch jungen – Menschen die Faszination des „Phänomens Honigbiene" nahezubringen, haben wir (Jürgen Tautz, Hartmut Vierle und Gerhard Vonend) in den letzten Jahren die internetbasierte Lern-, Lehr- und Forschungsplattform HOBOS entwickelt (Honigbienen-Online-Studien; www.hobos.de). Sie ist im November 2011 mit der Version 2.0 gestartet. Das System erlaubt den direkten, kontinuierlichen und analysierenden Einblick in einen Bienenstock und seine

Umgebung vom eigenen PC aus. Unser Ziel ist es, durch Einsatz modernster Techniken sowohl ganz einfache Beobachtungen – etwa durch Grundschüler – zu ermöglichen wie auch richtige Forschungsarbeiten und neue Entdeckungen zuzulassen.

Viele Fragen und Ideen, die sich aus der Lektüre des vorliegenden Buches ergeben mögen, lassen sich so live am Computerbildschirm angehen. Klicken Sie sich einfach einmal hinein in das HOBOS-Bienenvolk.

Prolog

Das Bienenvolk – ein Säugetier in vielen Körpern

Eigenschaften, auf denen die Überlegenheit der Säugetiere beruht, finden sich in gleicher Zusammenstellung auch im Superorganismus Bienenstaat.

Nach allen gängigen Kriterien sind Honigbienen Insekten – kein Zweifel. Und das schon seit ihrem ersten Auftreten bereits in ihrer heutigen Gestalt vor geschätzten 30 Millionen Jahren. Doch im 19. Jahrhundert gelangten sie in den Rang von Wirbeltieren – aufgrund eines drastischen Vergleichs, den der Imker und Schreinermeister Johannes Mehring (1815–1878) formulierte: Das Bienenvolk sei ein „Einwesen"; es entspreche einem Wirbeltier. Die Arbeitsbienen seien der Gesamtkörper, seine Erhaltungs- und Verdauungsorgane, während die Königin den weiblichen, die Drohnen den männlichen Geschlechtsorganen entsprächen.

Diese Sichtweise, eine ganze Bienenkolonie mit einem einzigen Tier gleichzusetzen, brachte den Begriff des „Bien" hervor, mit dem die „organische Auffassung des Einwesens" ausgedrückt werden sollte: Man betrachtete die Bienenkolonie als ein unteilbares Ganzes, als einen einzigen lebenden Organismus. Für diese Lebensform prägte der amerikanische Biologe William Morton Wheeler (1865–1937) auf der Grundlage seiner Arbeiten an Ameisen dann 1911 den Begriff des Superorganismus (Wortstamm: lat. *super* = darüber, über hinaus; griech. *organon* = Werkzeug).

Ich möchte diese kluge, einer gründlichen Naturbeobachtung durch die alten Imker entsprungene Auffassung von einer Bienenkolonie als einem Superorganismus an dieser Stelle auf die Spitze treiben und behaupten: Der Staat der Honigbienen ist nicht nur „ein Wirbeltier", er besitzt sogar viele Eigenschaften von Säugetieren. Diese Aussage, die zunächst weit hergeholt erscheinen mag, mutet nicht mehr so seltsam an, wenn man nicht vom Körperbau der Honigbienen und ihrer stammesgeschichtlichen Entstehung ausgeht, sondern die Bienen auf das Vorhandensein der wesentlichen evolutiven Erfindungen abklopft, die die jüngste aller Tiergruppen, die Säugetiere, sämtlichen anderen Wirbeltiergruppen so überlegen macht.

Säugetiere lassen sich durch die Kombination der folgenden Eigenschaften und Neuerfindungen von anderen Wirbeltieren abgrenzen – und mit den Honigbienen vergleichen:

- Säugetiere haben eine extrem niedrige Vermehrungsrate – Honigbienen ebenfalls (Abb. P.1) (► Kapitel 2, 5)

- Säugetierweibchen erzeugen in speziellen Drüsen Muttermilch zur Versorgung des Nachwuchses – Honigbienenweibchen produzieren in speziellen Drüsen Schwesternmilch zur Versorgung des Nachwuchses (Abb. P.2) (► Kapitel 6).

P.1 Ein Bienenvolk bringt im Jahr nur sehr wenige Jungköniginnen hervor. Die neuen Königinnen entstehen in besonders gebauten Zellen, den Weiselwiegen.

P.2 Die Larven der Bienen leben in einem Schlaraffenland. Sie schwimmen auf einem Futtersaft, der von Ammenbienen erzeugt worden ist.

- Losgelöst von einer Außenwelt mit schwankenden Eigenschaften bieten Säugetiere ihren sich entwickelnden Nachkommen eine schützende Umwelt in Form exakt eingestellter Umweltwerte im Uterus der Mütter – Honigbienen bieten ihren Jugendstadien den gleichen Schutz und die gleiche konstante Umwelt im „sozialen Uterus" des Bienennestes (Abb. P.3) (▶ Kapitel 7, 8).

- Säugetiere haben eine Körpertemperatur von etwa 36 Grad Celsius – Honigbienen halten im sozialen Uterus ihre Puppen auf einer Körpertemperatur von etwa 35 Grad Celsius (Abb. P.4) (▶ Kapitel 8).

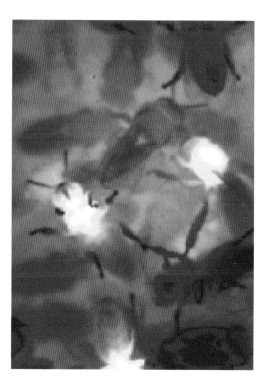

P.4 Heizerbienen halten die Puppen auf einer Körpertemperatur, die von der Körpertemperatur der Säugetiere im Idealfall um nicht mehr als ein Grad Celsius abweicht.

P.3 Die mikroklimatischen Eigenschaften des Brutnestes werden von den erwachsenen Bienen mit beeindruckender Präzision kontrolliert.

- Säugetiere besitzen mit ihren großen Gehirnen unter den Wirbeltieren die höchste Lernfähigkeit und die ausgeprägtesten kognitiven Eigenschaften. Honigbienen besitzen eine ausnehmend hoch entwickelte Veranlagung zum Lernen sowie kognitive Eigenschaften, mit denen sie sogar so manche Wirbeltiere in den Schatten stellen. Damit gehören sie unter den wirbellosen Tieren klar in die Spitzengruppe (Abb. P.5) (▶ Kapitel 4, 8).

Ist es nicht verblüffend, dass diese Liste an prinzipiellen Erfindungen, durch die sich die Säugetiere, uns Menschen eingeschlossen, charakterisieren lassen, auch für den Bienenstaat zutrifft?

Der „Nachweis", dass ein Volk von Honigbienen als „Säugetier ehrenhalber" angesehen werden kann, oder besser gesagt, dass einzig und allein der Superorganismus Bienenstaat entscheidende funktionelle Erfindungen der Säugetiere ebenfalls gemacht hat, legt die Vermutung nahe, dass hier mehr dahinter stecken könnte als oberflächliche Ähnlichkeiten. Und das ist in der Tat so.

Um in diesem Phänomen mehr als verblüffend klingende, vielleicht bedeutungslose oder einfach nur zusammengesuchte Analogien zu sehen, beginnt man am besten mit der Frage nach dem „Wozu" dieser gemeinsamen Eigenschaften. Am Ausgangspunkt dieser Erkundungsreise steht die Überzeugung, dass es Sinn macht, nach wichtigen Problemen zu suchen, für die unterschiedliche Tiergruppen offenbar gleiche Lösungen gefunden haben.

Der Startpunkt der Betrachtungen soll also sein: Wir haben die Lösung, was ist das Problem? Wir haben die Antwort, was ist die Frage?

P.5 Bienen lernen sehr rasch, wo und wann welche Blüte Nektar liefert und wie sie zur optimalen Ausbeutung behandelt werden muss.

Eine Organismengruppe, die sich zu einem evolutiven Höhenflug aufschwingt, ist Konkurrenten gegenüber um so mehr im Vorteil, je unabhängiger sie zur langfristigen Existenzsicherung von den Zufällen der Umwelt ist. Umweltfaktoren können unvorhersehbar schwanken. Wirken solche unberechenbaren Umweltfaktoren auf eine breite Palette von Eigenschaften in einer Population, dann „bewerten" sie diese Eigenschaften, indem sie als Selektionsfaktoren das Überleben und die Fortpflanzung der verschiedenen Typen bestimmen. Die Erfolgreichen und besser Angepassten werden sich ausbreiten, die weniger Erfolgreichen und weniger gut Angepassten werden verschwinden. Das ist der Kern der Darwinschen Theorie über den Mechanismus der Evolution.

Ein Organismus ist gut beraten, angesichts der unvorhersehbaren Richtung und Stärke von Umweltschwankungen möglichst viele und unterschiedlich beschaffene Nachkommen in die Welt zu setzen, um so auf möglichst viele unterschiedliche künftige Fälle eingerichtet zu sein. Wenn es einer Organismengruppe nun allerdings im Zuge eines Evolutionsprozesses gelingt, sich Fähigkeiten anzueignen, mit denen sie eine möglichst große Anzahl an Umweltparametern selbst einstellen und kontrollieren kann, sich also von den Unwägbarkeiten der Umwelt mehr oder weniger befreien kann, könnte sie sich auf diesem sicheren Polster risikolos eine geringe Anzahl von Nachkommen leisten. Säugetiere und Honigbienen gehören offenbar beide in diese besondere Kategorie.

Unabhängigkeit vom schwankenden Energieangebot der Umgebung durch eine aktive Vorratswirtschaft, Unabhängigkeit von schwankender Nahrungsqualität durch selbsterzeugte Nahrung, Schutz vor Feinden durch die Errichtung schützender Lebensräume und die Unabhängigkeit von Witterungseinflüssen durch die Einstellung geeigneter Klimawerte im selbst geschaffenen Lebensraum sind klare Vorteile gegenüber all jenen Organismengruppen, die das nicht leisten können.

Die aufgeführten „säugetierähnlichen" Eigenschaften gewähren den Säugetieren wie den Honigbienen eine weitgehende Unabhängigkeit von aktuellen Umweltbedingungen. Diese Unabhängigkeit wird erreicht durch einen entsprechenden Aufwand an Materie und Energie sowie eine komplexe Organisation zur „Verwaltung" des Ganzen (▶ Kapitel 10). Eine niedrige Vermehrungsrate kann daher als Folge dieser kontrollierten optimalen Lebensbedingungen aufgefasst werden. Organismen mit niedriger Vermehrungsrate, die sehr konkurrenzstark sind, erreichen durch die geringe Nachkommenzahl eine stabile Populationsgröße im Rahmen der Möglichkeiten, die das Habitat bietet. Sie können sich aber bei Veränderungen der Umweltbedingungen aufgrund der geringen Nachkommenzahl schlecht anpassen. Es sei denn, dieses Problem tritt für sie erst gar nicht auf, weil sie kritische Umweltfaktoren im Griff haben, weil sie Teile ihrer ökologischen Nische selbst geschaffen haben und ihre Aufrechterhaltung kontrollieren können.

Als ob das den Honigbienen noch nicht reichen würde, haben sie die Fähigkeit, ihre Umwelt zu kontrollieren, weiter optimiert: Ihre Kolonien wurden, für den Fall idealer Bedingungen, potenziell unsterblich. Gleichzeitig hat der Superorganismus Bienenkolonie einen Weg gefunden, seine genetische Ausstattung wie ein „genetisches Chamäleon" kontinuierlich zu verändern (▶ Kapitel 2), um nicht in einer Sackgasse der Evolution zu enden.

Kontrolle durch Rückkopplungen ist generell ein wesentliches Kennzeichen lebender Organismen. Jeder Organismus regelt sehr genau seine „innere Umgebung". Dabei werden Energieströme, der Materiedurchsatz und auch Informationsflüsse innerhalb eines Organismus auf jeweils passende Größen eingestellt. Die Körpertemperatur ist ein Resultat von Energiezu- und -abfuhr, das Körpergewicht ist das Resultat einer Balance von Materiezu- und -abflüssen. In seinem Buch *The Wisdom of the Body* prägte W. B. Cannon 1939 für solche geregelten Körperparameter den Begriff der Homöostase. Das Teilgebiet der Biologie, das die Grundlagen derartig geregelter Vorgänge in Organismen untersucht, ist die Physiologie. Übertragen auf die Analyse geregelter Zustände in einer Bienenkolonie als Superorganismus, „einem Säugetier in vielen Körpern", untersucht die Soziophysiologie, ob und welche Regelgrößen in einer Bienenkolonie homöostatisch eingestellt werden, wie dies von den Bienen im Detail bewerkstelligt wird und wozu das Ganze dient (▶ Kapitel 6, 8, 10).

Die Physiologie der Säugetiere und die Soziophysiologie der Honigbienen sind zu erstaunlich ähnlichen Lösungen gelangt. Solche ähnlichen Lösungen, die vollkommen unabhängig voneinander entstanden sind, bezeichnet man als Analogien oder Konvergenzen. Ein Beispiel für eine Analogie sind die Flügel der Vögel und die der Insekten. Das gemeinsame Problem, dessen Lösung die Erfindung der Flügel darstellte, hieß „Fortbewegung durch die Luft".

Betrachtet man die Übereinstimmung der aufgeführten Eigenschaften bei Säugetieren und Honigbienen, so führt das zu der Frage: „Was ist eigentlich das gemeinsame Problem, das mit diesem Bündel an konvergenten Phänomenen gelöst werden soll?" Dabei fällt auf, dass alle genannten Eigenschaften dazu dienen, Säugern und Honigbienen einen Grad an Unabhängigkeit von einer erratischen Umwelt zu gestatten, wie sie sonst kaum eine andere Organismengruppe bisher erreicht hat. Diese kontrollierte Unabhängigkeit muss dabei nicht die gesamte Lebensspanne gleichermaßen intensiv betreffen, sondern kann sich auf besonders gefährdete Stadien im Lebenszyklus der Organismen beschränken (▶ Kapitel 2).

Um wenige, dafür aber bestens ausgerüstete und vor den Zufällen der Umweltschwankungen möglichst behütete, fortpflanzungsfähige Nachkommen zu erzeugen und in die Welt zu entlassen, setzt der Bienenstaat als Superorganismus ganz offenbar Tricks ein, die denen der Säuger verblüffend ähneln. Zu diesem Zweck haben die Honigbienen bienenspezifische Fähigkeiten und Eigenschaften entwickelt, die zu den erstaunlichsten Erscheinungen in der Welt des Lebendigen gehören. Dieses hochkomplexe Geflecht beginnen wir erst ansatzweise zu verstehen.

Das kleinste Haustier des Menschen – ein Steckbrief in Bildern

Die Honigbiene ist nicht nur ein faszinierendes evolutionsbiologisches Erfolgsmodell, sondern durch ihre Bestäubungsleistung auch von überragender ökonomischer und ökologischer Bedeutung.

Die Honigbiene …

… heißt mit wissenschaftlichem Namen *Apis mellifera*, was so viel wie „Honigtragende Biene" bedeutet.

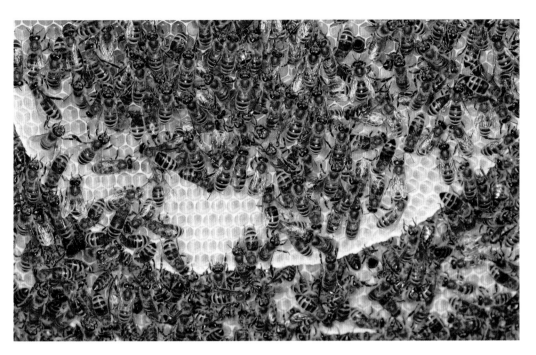

… lebt in Kolonien mit rund 50 000 Tieren im Sommer und rund 20 000 Tieren im Winter.

… besucht Blüten, um dort Nektar und Pollen zu sammeln. Aus dem Nektar macht sie Honig, der Pollen ist eiweißreiche Nahrung.

… transportiert den Nektar im Honigmagen, einem bestimmten Darmabschnitt im Hinterleib, und den Pollen als Pollenhöschen an einer speziellen Einrichtung an den Hinterbeinen.

… baut Waben aus Wachs, das sie in Drüsen erzeugt. Sie speichert Honig und Pollen in den sechseckigen Zellen der Waben und nutzt diese als Kinderstube.

… dient dem Menschen in erster Linie als Bestäuber von Nutzpflanzen.

… wird vom Menschen in künstlichen Höhlen gehalten, aus denen Honig, Pollen, Propolis und der Futtersaft „Gelee Royale" geerntet werden.

Alle Arbeiterinnen einer Bienenkolonie sind sterile Weibchen.

Die männlichen Bienen, die Drohnen, werden nur zur Fortpflanzungszeit produziert. Ihr einziger Daseinszweck ist die Begattung der Weibchen.

Jedes Volk hat nur eine einzige Königin, die an ihrem längeren Hinterleib gut erkennbar ist.

Die Biene sammelt an Knospen, Früchten, Blüten und Blättern der Pflanzen Harze, die sie als Kittharz, das so genannte „Propolis", im Stock einbaut. Von dort entnimmt es der Mensch für medizinische Zwecke.

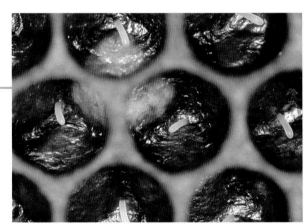

Die Bienenkönigin legt jeweils ein Ei in eine Zelle, und das bis zu 200 000 Mal pro Sommer.

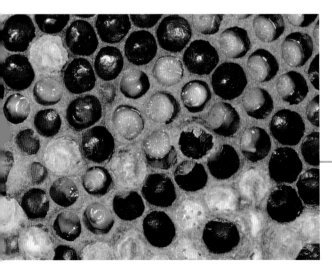

Aus den Eiern der Bienen schlüpfen Larven, die sich, sobald sie groß genug sind, in ihrer Zelle verpuppen.

Weibchen entstehen aus befruchteten, die größeren Männchen aus unbefruchteten Eiern.

Die Arbeitsbiene durchläuft in ihrem Leben mehrere Berufe, wie Putzbiene, Baubiene, Brutpflegebiene, Wächterbiene. Erst im letzten Lebensabschnitt verlässt sie als Seniorin das Nest als Sammelbiene.

Die Brutpflege ist ein Beruf der Innendienstbienen.

Die Sammelbienen sind im Außendienst unterwegs.

Die Honigbienen verständigen sich durch unterschiedliche chemische und mechanische Kommunikationsformen, zu denen auch die Tanzsprache gehört.

Die Bienen erzeugen im Sommer durch einen besonderen Futtersaft wenige Jungköniginnen, die sich in besonders gebauten Zellen, den Weiselwiegen, entwickeln. Jungköniginnen werden nur einmal im Leben auf ihrem Hochzeitsflug von mehreren Drohnen begattet.

Honigbienen füttern ihre Königin zeitlebens mit Gelee Royale und widmen ihr durch Hofstaatbienen besondere Aufmerksamkeit und Pflege.

Honigbienen schwärmen zur Vermehrung der Völker. Dabei verlässt die alte Königin mit einem großen Teil des Volkes den Stock.

Honigbienen überleben den Winter als komplettes Volk. Die Bienen ziehen sich zu einer dichten Winter-traube zusammen und wärmen sich durch Muskelzittern. Die dafür nötige Energie ziehen sie aus dem Honigvorrat.

Honigbienen können zu ihrer Verteidigung stechen.

Die Honigbiene ist durch ihre Bestäubungsleistung an Nutzpflanzen in Europa das drittwertvollste Haustier des Menschen.

Die Honigbiene ist die wichtigste Helferin zur Aufrechterhaltung der Vielfalt an Blütenpflanzen.

1

Wären Honigbienen vermeidbar gewesen?

Die Lebensform der Honigbienen
musste in der Evolution unter geeigneten
Voraussetzungen entstehen.

Die Entwicklung und Verbreitung des Lebens auf unserer Erde spielt sich seit den ersten Anfängen vor geschätzten viereinhalb Milliarden Jahren nach unveränderten Prinzipien ab. Nach im Grunde simplen Regeln und einfach zu verstehenden Rezepten entfalteten sich eine atemberaubende Vielfalt und eine erstaunliche Komplexität in der Welt des Organismischen.

Antriebsmotor für die Dynamik dieser Explosion des Lebens ist die „Verdammnis zum Erfolg". Erfolgreich sein heißt, sich stärker vermehren als die direkte Konkurrenz. Vermehren heißt, abstrakt betrachtet, Kopien von sich selbst herzustellen. Wenn man den Begriff der Kopie ernst nimmt, können nur Klone gemeint sein. In diesem Sinne kann in der Welt des Lebendigen allein die Erbsubstanz echte Kopien von sich selbst herstellen. Als alleinige Erbsubstanz haben sich die Nukleinsäuren durchgesetzt; das sind Makromoleküle, aufgebaut aus beliebig vielen Gliedern einer Kette. Jedes Glied dieser Kette besteht aus einer von vier unterschiedlichen organischen Basen, einem Zucker und einer Phosphorsäure. Sind in der Umgebung einer solchen Kette diese entsprechenden Bausteine vorhanden, kann eine Negativkopie der Kette hergestellt werden und von dieser wiederum eine Negativkopie, die dann eine perfekte Positivkopie der Ausgangskette ist.

Nachdem sich dieser Molekültyp auf unserem Planeten erst einmal entwickelt und er sich gegen mögliche, uns aber nicht bekannte Alternativen durchgesetzt hatte, begann ein aufregender Automatismus: Kopien der Kopien der Kopien der Kopien der Kopien … bilden eine nie unterbrochene Linie der Erbsubstanz durch die Jahrmilliarden bis in unsere Tage, bis zu jedem heute lebenden Organismus.

Es lässt sich leicht nachvollziehen, dass bereits diese Moleküle, die Kopien von sich selbst herstellen konnten, in Konkurrenz um die elementaren Bausteine getreten sind, aus denen die Kopien erstellt wurden. Schon damals waren Rohstoffe knapp, oder wurden umso knapper, je begehrter sie wurden. Das Makromolekül, das es dabei geschafft hat, sich Hilfstruppen in Form von Enzymen zuzulegen, die eine noch raschere und wirtschaftlichere Kopierarbeit ermöglichten, ließ die Konkurrenz hinter sich. Damit aber überhaupt neue Molekültypen entstehen konnten, mussten die Kopien zwar präzise, aber nicht vollkommen fehlerfrei sein. Kopierfehler in vertretbarer Häufigkeit garantierten das Spiel mit Varianten, ohne die nichts Neues entstehen konnte. Auch daran hat sich bis heute nichts geändert. Mutationen, die zu fehlerhaften Kopien führen, sind eine wichtige Quelle für das Auftreten neuer und unterschiedlicher Typen. Durch immer neue Abweichungen, die entweder als ungünstig rasch verschwunden sind oder als günstig überlebt haben, ist eine unüberschaubare Fülle an Nukleinsäurekettenvariationen entstanden. Diese unterschiedlichen Ketten enthalten die Instruktionen, die der genetischen Information der Organismen entsprechen und die zu den unterschiedlichen Lebewesen führen.

Es ist nicht zu übersehen, dass nach einem unvorstellbar langen Zeitraum von mehr als vier Milliarden Jahren Evolution die Welt heute vor Nukleinsäuremolekülen unterschiedlichster Kettenzusammensetzung nur so wimmelt. Diese Ketten existieren aber nicht frei, sondern sie haben sich eine schier unüberschaubare Fülle unterschiedlicher Verpackungen zugelegt.

Wieso diese zurückgezogene Existenz der Nukleinsäuren, tief im Innern der Organismen verborgen? Es ist keineswegs bescheidene Zurückhaltung, sondern die Nukleinsäuren sind ständig „rücksichtslos" damit befasst, ihre eigene Kopierfähigkeit – im Vergleich zu ähnlichen Nukleinsäuren als direkte Konkurrenz – zu verbessern. Was soll dabei die Verpackung helfen?

Sucht man nach Phänomenen, die mit der Evolution von der anfänglich nackten, sich selbst kopierenden Erbsubstanz bis zu heutigen Lebensformen einhergehen, so fällt auf:

- Es entstehen mit der Zeit immer komplexere Strukturen.
- Die entstehenden Strukturen leisten mehr als die Summe ihrer Teile.
- Die Strukturen können das Verhalten ihrer Teile bestimmen.

Die Erbsubstanz selbst wird keineswegs immer komplexer. Diese drei aufgeführten Feststellungen zu offensichtlichen Tendenzen der Evolution betreffen die Verpackung der Erbsubstanz, den so genannten Phänotyp, das System, den Organismus, den die Erbsubstanz stellvertretend für sich unter dem Motto in die Schlacht schickt „überlebe und vermehre dich erfolgreicher als die anderen".

Als frühe komplexe Organisationsform wurden vor rund dreieinhalb Milliarden Jahren die ersten kernlosen Zellen gebildet, die die Erbsubstanz umschlossen und eine Reihe wichtiger funktioneller Bausteine umfassten. Eigenständige Zellen entnahmen ihrer Umgebung Materie und Energie, die zur Vermehrung der Zellen und damit der Vermehrung der Erbsubstanz eingesetzt wurden. Frei lebende Einzelzel-

len finden wir noch heute, sie spielen eine wichtige aber eher unauffällige Rolle im Naturhaushalt. Bakterien und einzellige Lebewesen sind auf dieser Stufe der Evolution stehen geblieben und können offenbar mit Vielzellern konkurrieren. Andernfalls gäbe es sie nicht mehr. Die Evolution mehrzelliger Lebewesen nahm ihren Anfang vor erst sechshundert Millionen Jahren, also fast drei Milliarden Jahre später. In diesem nächsten großen Schritt organisierten sich ursprünglich unabhängige Zellen zu mehrzelligen Lebewesen. Als Einstieg in diese nächsthöhere Ebene der Komplexität kann man sich vorstellen, dass sich Zellen nach ihrer Teilung nicht vollständig voneinander lösten, sondern aneinander kleben blieben. Durch diesen „Unfall" wurden die Vorteile zweier entscheidender Eigenschaften entdeckt: Arbeitsteilung und Kooperation. So kamen „Vehikel" mit Eigenschaften zustande, mit denen die Erbsubstanzmoleküle ihre eigene Vervielfältigung und damit ihre Verbreitung noch besser bewerkstelligen konnten.

Durch den Zusammenschluss der vorhandenen Bausteine entstanden komplexere Strukturen. Das ist unbestritten. Aber wieso sollten komplexere Strukturen im Vorteil sein? Und worin sollte der Vorteil bestehen?

Ein klarer Vorteil liegt in der Chance, einzelnen Bausteinen des Komplexes unterschiedliche Aufgaben zu übertragen. Diese Art der Spezialisierung erlaubt es dann, unterschiedliche Probleme zeitgleich zu lösen und nicht hintereinander abzuarbeiten, wie es bei unspezialisierten Einzelkämpfern der Fall ist. Sind erst einmal Spezialisten, wie verschiedene Zelltypen in mehrzelligen Lebewesen, entstanden, lassen sich deren Organ-Aktivitäten vernetzen und so völlig neue Möglichkeiten eröffnen, sich mit der Umwelt auseinanderzusetzen. Das war offenbar ein sehr erfolgreicher Schritt. Mehrzellige Organismen bestimmen das heutige Erscheinungsbild der belebten Welt.

Mit der Schaffung mehrzelliger Lebewesen tritt der „planmäßige" Tod in das Leben. Die Vehikel, die sich die Erbsubstanz in Form von Organismen erschaffen hat, sind sterblich. Keine gute Ausgangsbasis im permanenten Konkurrenzkampf. Einen Teil der Körperzellen vor der Sterblichkeit zu bewahren und damit eine „ewige Kopien-Linie" zu etablieren, erwies sich als der Königsweg aus dem Dilemma, den Gewinn leistungsfähiger Systeme mit dem Nachteil einer begrenzten Haltbarkeit erkaufen zu müssen. Mehrzellige Lebewesen weisen die Weitergabe der Erbsubstanz spezialisierten Zellen zu, den männlichen und den weiblichen Keimzellen. So entstanden die Keimbahnlinien, die über die Zeiten hinweg die Generationen verbinden und die Weitergabe und Verbreitung der Erbsubstanz vom Tod ihrer Träger unabhängig machen.

Der Zusammenbau komplexer Untereinheiten aus stabilen Bausteinen hat also zu mehrzelligen Organismen geführt, die zudem für die Erbsubstanz das Problem der Sterblichkeit gelöst haben.

Die bisher geschilderten evolutiven Quantensprünge haben eines gemeinsam: den Zusammenschluss von Bausteinen zu neuen, größeren und komplizierteren Strukturen. Es kommt jeweils eine neue Ebene der Komplexität hinzu. Mit jeder neuen Komplexitätsebene haben sich vollkommen neue Möglichkeiten in der Welt des Lebendigen eröffnet, an die vorher

nicht zu denken war. Führt man diese Schritte, den Zusammenschluss von Bausteinen zu übergeordneten Strukturen, fort, dann wäre der nächstfolgende Quantensprung die Schaffung noch komplexerer lebender Systeme durch den Zusammenschluss von unabhängigen Organismen zu Superorganismen (Abb. 1.1). Ein Beobachter der Evolution auf unserer Erde hätte nach dieser erwartungsvollen Überlegung auf das Auftreten solcher Hyperkomplexe wetten, sich zurücklehnen und warten können, bis die prognostizierten Superorganismen irgendwann auftreten. Dieser Schritt musste früher oder später geschehen. Die einzige Voraussetzung war das Vorhandensein geeigneter Rohmaterialien. Man kann seiner Phantasie freien

1.1 Entscheidende Quantensprünge in der Evolution der Komplexität des Lebens. Eine durchgehende Linie von Elementen, die von sich Kopien herstellen und in ihren Kopien weiterleben können (hier durch die roten Punkte symbolisiert), zieht sich von Anbeginn des Lebens ohne Unterbrechung bis in die Jetztzeit. Diese unsterbliche Linie reicht Kopien der Erbsubstanz von Generation zu Generation weiter. Diese so genannte Keimbahnlinie umgibt sich mit immer komplexeren sterblichen Strukturen. Zunächst sind es Zellen, in deren Zellkern die „ewige Linie" weitergeht. Diese schließen sich zu Organismen zusammen, in deren Keimzellen sich die Linie fortsetzt. Unter günstigen Voraussetzungen entstehen aus Einzelorganismen Superorganismen, wie die Staaten der Honigbienen, deren Königinnen und Drohnen die Keimbahnlinie weiterführen. Nicht kopierfähige sterbliche Einheiten, als Unterstützung für die Kopierfähigen erfunden, sind die Felder ohne rote Punkte. Bei Organismen sind dies die somatischen Körperzellen, beim Superorganismus Bienenstaat die Arbeitsbienen.

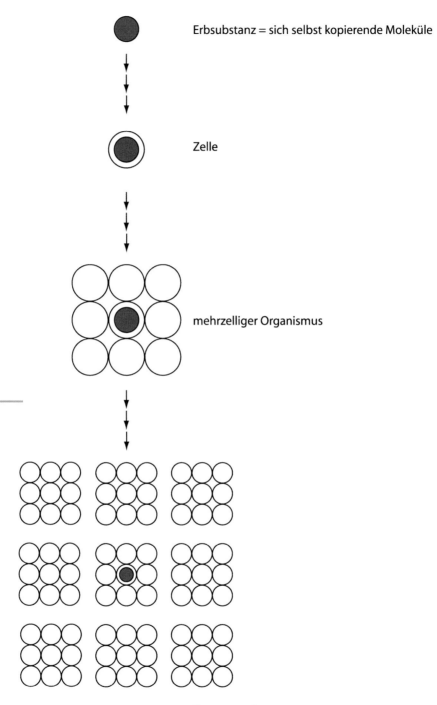

Lauf lassen und diese Gedanken noch wei-terspinnen: Irgendwann müsste dann der Zusammenschluss von Superorganismen zu Top-Superorganismen erfolgen. Soweit ist die Evolution aber – noch – nicht. Wird sie jemals dorthin gelangen? Es gibt erste Anzeichen bei bestimmten Ameisenarten, dass eine entsprechende Entwicklung in Gang gekommen sein könnte.

Die Honigbienen in ihrer heutigen Erscheinung, die alles in allem auf eine etwa 30 Millionen Jahre lange Geschichte zurückblicken können, waren so gesehen unvermeidlich. Sie mussten irgendwann „passieren". In den Details ihrer Eigen-schaften hätten sie anders ausfallen kön-nen; sie hätten nicht wie die uns geläufigen Bienen aussehen müssen, aber zu der grundsätzlichen Organisation des „Super-organismus Bienenstaat" gibt es keine konkurrenzfähige Alternative.

Honigbienen konnten jedoch nur „pas-sieren", weil sie entsprechende Vorausset-zungen mitgebracht haben. Denn die Ent-stehung von Superorganismen theoretisch zu fordern, ist eine Sache. Sie tatsächlich stattfinden zu lassen, eine andere. Superor-ganismen von nennenswerter Bedeutung im Naturhaushalt sind, sieht man von den taxonomisch separaten Termiten ab, ledig-lich bei den Hautflüglern (Hymenopteren) entstanden und umfassen Ameisen, Bie-nen, Hummeln und Wespen. Die Antwort, worin diese Voraussetzungen bestehen, wird im Kapitel 9 gegeben. Zunächst soll uns der Jetztzustand in seinen Details in-teressieren; die „Vergangenheitsbewälti-gung" wird auf später verschoben.

Mit dem Superorganismus Bienenstaat entstand ein höchst komplexes System, das aber ebenso wie alle einfacheren Systeme lediglich das Vehikel für die Erbsubstanz darstellt. Die Erbsubstanz „verfolgt" auch in dieser noch raffinierteren Verpackung nach wie vor das gleiche Ziel, das die Moleküle aus der Ursuppe verfolgt haben: Ihre eigene Vermehrung soll erfolgreicher sein als die der Konkurrenz. Natürlich verfolgen Moleküle kein Ziel. Beobachtet man aber die ablaufenden Evolutions-prozesse, lässt sich erkennen, dass sich die-jenigen Einheiten durchsetzen, die sich so verhalten, als verfolgten sie aktiv dieses Ziel, sich zu kopieren und zu kopieren und zu kopieren ... Diese umständliche, aber richtige Darstellung wird der Einfachheit halber durch laxe, aber unkorrekte For-mulierungen wie „die Moleküle streben nach ...", „sie wollen ...", „sie verfolgen das Ziel ..." ersetzt.

Ähnlich wie sich die Mehrzeller die Keimzellen als spezielle Zellen zur Weiter-gabe der Erbsubstanz zugelegt haben, übernahmen im Superorganismus ein-zelne spezialisierte Tiere diese Aufgabe. Auf diese Weise entstanden Kolonien mit wenigen Geschlechtstieren zur direkten Weitergabe der Gene und einer großen Masse an Individuen, die sich nicht fort-pflanzen, aber wichtige Aufgaben für den Erhalt der Kolonie sowie Bildung und Qualität der Geschlechtstiere übernehmen.

Leisten, wie oben behauptet, komple-xere Strukturen wirklich mehr als die ein-zelnen Bausteine für sich? Und lässt sich eine solche Aussage für die Honigbienen belegen? Komplexere Strukturen besitzen, da sie sich aus elementaren Teilen zusam-mensetzen, mehr Bausteine als die Objekte auf den unteren Ebenen und damit mehr Möglichkeiten zur Wechselwirkung zwi-schen den Teilen. Deshalb bringen kom-plexe Strukturen unter geeigneten Voraus-setzungen Eigenschaften hervor, die sich aus den Eigenschaften der Einzelbausteine nicht erklären lassen: Das Ganze ist mehr als die Summe seiner Teile, hat schon Aristoteles formuliert. So können Bienenkolonien aufgrund von Informationsflüssen als Einheit Entscheidungen fällen, die einzelne unverbundene Bienen nicht treffen können. Dieser Leistungsgewinn, den Bienenkolonien durch den Zusammenschluss vieler Individuen erzielen, wird in Kapitel 10 „Die Kreise schließen sich" eingehend dargestellt.

Bestimmt oder beeinflusst ein Komplex tatsächlich auch die Eigenschaften seiner Bausteine? Auch dies trifft für die Kolonien der Honigbienen zu. Eigenschaften der einzelnen Bienen werden durch die bienengeschaffenen Lebensbedingungen mitbestimmt. Kapitel 6 und Kapitel 8 befassen sich im Detail mit dieser für die gesamte Bienenbiologie essenziellen Option.

2

Die vermehrte Unsterblichkeit

Die gesamte Biologie der Honigbienen ist darauf ausgelegt, der Umwelt Materie und Energie zu entnehmen und so zu organisieren, dass daraus Tochterkolonien von höchster Qualität entstehen. Diese zentrale Einsicht ist der Schlüssel zum Verständnis der erstaunlichen Errungenschaften und Leistungen der Honigbienen.

Vermehrung und Sex sind zwei unterschiedliche und prinzipiell unabhängige Prozesse. Vermehrung geht auch ohne Sex, Sex geht auch ohne Vermehrung. Vermehrung ist Vervielfältigung. Vervielfältigung ist am einfachsten durch Teilung und Knospung zu erreichen. Sexuelle Vorgänge basieren auf der Vereinigung der Keimzellen zweier Geschlechter und führen durch diese Neukombination zu einer Vergrößerung der Vielfalt an Typen in einer Population. Diese Vielfalt ist wichtig, um der Selektion eine breite Palette an Auslesemöglichkeiten zu bieten und so die Evolution in Gang zu halten. Mutationen im Erbgut haben den gleichen Effekt, nur lassen sie sich nicht erzwingen und treten zufällig verteilt auf. Die Sexualität ist nicht auf solchen Zufall angewiesen, sie führt mit jedem Befruchtungsvorgang sicher zu neuen Typen.

Höhere Tiere knüpfen in der Regel ihre Vermehrung an den Sex, so dass uns der Gedanke der Unabhängigkeit von Sex und Vermehrung nicht von vorneherein eingängig erscheint. Einzellige Lebewesen führen vor, wie vermehrungsloser Sex praktiziert wird: Zwei Einzeller vereinigen sich, tauschen Erbgut aus und trennen sich wieder. Resultat nach dem Einzeller-Sex: Zwei Einzelzellen wie vorher, also keine Vermehrung, aber durch den Erbgutaustausch sind neue genetische Typen entstanden, und somit hat sich die Vielfalt in der Population vergrößert.

Vermehrung und Sex

Die Honigbienenkolonien und die Kolonien der ähnlich lebenden stachellosen Bie-nen der Tropen nehmen mit ihrer ungewöhnlichen Praxis von Vermehrung und Sex eine Sonderstellung im Tierreich ein. In der Regel gilt: Sich geschlechtlich fortpflanzende Tiere paaren sich, und alle aus diesem Akt entstehenden Nachkommen pflanzen sich, wenn sich ihnen die Gelegenheit bietet, ebenfalls geschlechtlich fort und zeugen so eine nächste Generation.

Das ist bei den Honigbienen anders.

Machen wir ein kleines Gedankenexperiment: Stellen Sie sich vor, es seien in einem Bienenvolk für einen Beobachter alle Tiere unsichtbar, die sich weder jetzt noch in Zukunft fortpflanzen. Wir sähen schlagartig auf weiter Flur lediglich ein einziges sehr einsames Weibchen, die Königin. Wir sähen, wie dieses Weibchen einmal im Jahr eine bis drei Töchter erzeugt, die sich als Jungköniginnen ein Jahr später entweder im alten Nest oder an neuer Stelle ebenfalls auf die gleiche Weise fortpflanzen. Dazu tauchen im Sommer für kurze Zeit mehrere tausend männliche Bienen, so genannte Drohnen, auf, welche die Jungköniginnen aus Nachbarnestern begatten (Abb. 2.1).

So gesehen würden uns die Bienen in ihrem Sexual- und Fortpflanzungsverhalten nicht weiter auffallen, wären da nicht die verwunderlichen Tatsachen, dass die Anzahl der fortpflanzungsfähigen Weibchen für ein Insekt extrem niedrig ist, dass die Weibchen durchgehend mehrjährig, die Männchen dagegen nur kurzzeitig gefunden werden, dass dann ein extremes Zahlenmissverhältnis von sehr wenigen Weibchen zu sehr vielen Männchen auftritt und dass regelmäßig zwei aufeinanderfolgende kurze Generationen weiblicher Geschlechtstiere durch eine lange Zeitspanne getrennt werden.

2.1 Wären alle fortpflanzungsunfähigen Bienen unsichtbar, wären nur noch die Königin und hin und wieder ein paar Drohnen zu sehen.

Zwei bis drei Töchter pro Fortpflanzungsperiode sind auffallend wenig im Vergleich zu anderen Insekten, wo ein einzelnes Weibchen hunderte bis rekordverdächtige zehntausende Geschlechtstiere produzieren kann, die sich meist zahlenmäßig gleichmäßig auf Weibchen und Männchen aufteilen. Weibliche Individuen sind für das Fortpflanzungsgeschäft deutlich wertvoller als männliche Tiere. Männchen sind die Quelle der massenhaft produzierten billigen Samenzellen, Weibchen stellen die vergleichsweise wenigen teuren Eizellen her. Rein „gametentechnisch" betrachtet, genügen wenige Männchen in einer Population, um viele Weibchen zu begatten.

Umso verblüffender ist die Situation, die wir mit extrem wenigen Weibchen und sehr vielen Männchen bei den Honigbienen vorfinden. Die umgekehrte Situation wäre viel leichter zu verstehen, da wenige Männchen ausreichend Spermien zur Besamung vieler Eizellen liefern. Und auch der bienentypische regelmäßige zeitliche Abfolgerhythmus von einer kurzen und einer langen Zeitspanne zwischen dem Auftreten der fertilen Weibchen, der Königinnen, verwundert. Die meisten Tiere packen normalerweise so viele Generatio-

nen in einen Zeitraum hinein, wie es ihnen ihre Physiologie und die Umweltbedingungen erlauben. Welche Bedeutung steckt hinter dem Sonderweg der Honigbienen?

Die Erzeugung extrem weniger weiblicher Nachkommen ist in vielerlei Hinsicht sehr riskant. Da die von Charles Darwin geforderte Überproduktion von vielen unterschiedlich ausfallenden Nachkommen als wichtige Voraussetzung für Evolution bei den Honigbienen eher bescheiden ausfällt, gibt es nur eine geringe Palette an Bienenvariationen, und so werden der Selektion nur wenige Auslesemöglichkeiten angeboten. Zudem kann eine kleine Anzahl an Nachkommen auch leichter komplett ausgelöscht werden, und damit können ihre Gene völlig aus dem Genpool einer Population verschwinden.

Konsequenterweise findet man in der Regel bei den Tieren, die eine intensive Brutpflege betreiben, sehr wenige Nachkommen, um so dem Nachwuchs einen gesicherten Start ins Leben zu ermöglichen. Im günstigsten Fall erstreckt sich diese Nachwuchspflege bis zur Geschlechtsreife. Gesicherte und geschützte Nachkommen tragen die Gene der Population zuverlässiger in die nächste Generation als Nachkommen, die ungeschützt allen Umwelteinflüssen ausgesetzt sind. In diesem Zusammenhang muss man zu allererst an die großen Säugerarten denken, bei denen ein Wurf in der Regel nur ein oder zwei Junge umfasst, die allerdings intensiv

2.2 Eine fruchtbare Königin, sehr viele sterile Arbeiterinnen und zur Fortpflanzungszeit viele Drohnen sind die „Bausteine" des Superorganismus Bienenstaat.

und lange betreut werden – um so intensiver und länger, je geringer ihre Anzahl ist.

Ist die Situation für die Honigbienen vergleichbar? Das ist in der Tat so, wobei die Bienen ein eindrucksvolles System optimaler und dauerhafter Betreuung ihrer Jungweibchen geschaffen haben.

Aber zurück zu unserem Gedankenmodell. Erlöst man die sich nicht fortpflanzenden Bienen einer Kolonie aus ihrer Unsichtbarkeit, wird der Bienenstock schlagartig durch sterile Weibchen vieltausendfach bevölkert (Abb. 2.2).

Tochterkolonien

Diese Masse an Bienen bietet der Königin eine sichere Umgebung und erlaubt es, jede Jungkönigin mit einer kompletten Kolonie als Brautgeschenk auszurüsten. In der Regel verlässt die alte Königin mit etwa 70 Prozent der Arbeitsbienen im so genannten Primärschwarm das Nest. Die zurückbleibende Jungkönigin, die fortpflanzungsfähige Tochter der abgewanderten Altkönigin, bekommt somit als Gabe nicht nur ein Drittel der Arbeiterinnen, sondern dazu noch fertige Waben, gefüllt mit Honig, Pollen und sich entwickelnden Bienenlarven. Einen besseren Start ins Bienenleben kann man sich nicht vorstellen.

Ein Bienenvolk kann auch mehr als einen Schwarm hervorbringen. So kann sich die im alten Nest verbliebene Masse an Bienen noch einmal zwischen zwei Jungköniginnen aufteilen. Kommt es zu weiterer Schwarmbildung, zu den so genannten Nachschwärmen, die sich um jeweils eine Jungkönigin scharen, sind diese nicht mehr so groß wie der Primärschwarm. Ihre Überlebensfähigkeit hängt von der Größe des Schwarms ab; zu kleine Nachschwärme haben keine Überlebenschance.

Bei den Honigbienen spiegelt sich die Erschaffung der extrem wenigen weiblichen Geschlechtstiere wider in der Abtrennung von entsprechend wenigen Tochterkolonien, die sich um eine neue Königin herum gruppieren.

Eine Vermehrung durch die Herstellung kompletter Tochterkolonien ist eine im gesamten Tierreich seltene extravagante Strategie, die unter den Insekten nur noch die stachellosen Bienen – sie spielen die Rolle der Honigbienen in den Tropen – und manche Ameisen in der Form einer Nesterteilung zeigen.

In den gemäßigten Breiten werden Schwärme etwa im Zeitraum April bis September gebildet. Neue Königinnen werden zu einem Zeitpunkt produziert, an dem die Entwicklung der Bienenzahl in einer Kolonie ihr Maximum erreicht hat und zudem zusätzlich noch genügend Brut vorhanden ist, um den Bienenverlust nach dem Schwarmauszug für die alte Kolonie

auszugleichen. Für einen Beobachter werden Schwarmvorbereitungen der Kolonie zwei bis vier Wochen vor dem dramatischen Auszug an den Weiselwiegen erkennbar, die als offene „Fingerhüte" an den unteren Rändern der Waben errichtet werden (Abb. 2.3).

Solche Becher finden sich über lange Zeitspannen in der Kolonie, aber nur zur Vorbereitung des Schwärmens werden in diese königlichen Zellen Eier gelegt und die Larven aufgezogen. Das können im Extremfall bis zu 25 angelegte künftige Königinnen in einem Volk sein, von denen die meisten aber nicht zum Zuge kommen. Ist die erste dieser Larven groß genug, um verdeckelt zu werden und in das Puppenstadium einzutreten, ist der Zeitpunkt des Schwärmens gekommen. Die alte Königin verlässt die Kolonie ein paar Tage bevor die neue Königin das „Dunkel des Stockes" erblickt.

Steht der Auszug kurz bevor, versorgen sich die Arbeiterinnen, die die abziehende Altkönigin begleiten, mit Honig aus den Vorräten des Nestes (Abb. 2.4). Dieser Pro-

2.3 Als erste Vorbereitung für das Schwärmen legt eine Kolonie neue Königinnenzellen an. Mehrere Weiselwiegen werden bevorzugt am unteren Rand der Waben, oder wie hier Nachschaffungszellen, mitten im Brutnest angelegt.

2.4 Vor dem Ausschwärmen füllen die Arbeitsbienen ihren Kropf mit Honig. Dieser Proviant muss reichen, bis eine neue Wohnung gefunden und bezogen ist.

viant reicht maximal zehn Tage, eine Zeitspanne, in der unbedingt eine neue Behausung gefunden werden und das reguläre Kolonieleben wieder aufgenommen sein muss.

Kurz vor dem Auszug beginnen die wanderwilligen Bienen, wild durcheinander zu rennen, hochfrequente Vibrationspulse zu erzeugen und die ebenfalls auszugswillige Königin durch Beißen und Ziehen an Beinen und Flügeln zu traktieren. Daraufhin beginnt ein „Bienenfall" aus dem Nest zu strömen (Abb. 2.5), die Luft in der Nähe des Stockes mit seinem Brausen zu füllen und zusammen mit der Königin in Nähe des alten Nestes eine Schwarmtraube zu bilden (Abb. 2.6), von der aus ein neues Heim gesucht wird. In dieser Schwarmtraube befindet sich ein guter Querschnitt durch alle Bienen des Ausgangsvolkes, wobei nur die allerjüngs-

ten und die ältesten Arbeitsbienen im Nest zurückgeblieben sind.

Werden neue Jungköniginnen herangezogen und ist die Volksstärke für eine weitere Teilung nicht ausreichend, zerstören die Arbeiterinnen die angelegten Weiselwiegen samt den darin lebenden Larven, um später noch einmal von vorne zu beginnen.

Eine Vermehrung durch wenige, aber komplette und voll funktionstüchtige Tochterkolonien hat dramatische Folgen für die gesamte Lebensform der Bienen: Sie verleiht einer Kolonie potenzielle Unsterblichkeit und ermöglicht, komplette Kolonien als „Kopien der Unsterblichkeit" in die Welt zu entlassen.

Die erzeugten Tochterkolonien sind aber keine Erbgutbestandskopien. Jeder neue Superorganismus besitzt seine eigene genetische Zusammensetzung. Das ist leicht einzusehen, wenn man sich klar

2.5 Schwärmen die Bienen, quellen sie wie ein „Bienenfall" aus ihrem Nest.

2.6 In der Nähe des alten Nestes lässt sich der Schwarm nieder und schickt von dort aus die Spurbienen auf die Suche nach einer neuen Behausung.

macht, dass alle Bienen eines Volkes die Kinder der gleichen Mutter sind. Nur Gene, die diese Mutter in sich trägt, sei es in ihren Eiern oder in den männlichen Samen, gespeichert in ihrer Samenvorratstasche, können auch in den Kindern vorkommen und so das Genprofil der Kolonie ausmachen. Selbst wenn die Königinnen identische Zwillinge wären, könnten sie keine genetisch gleichen Kolonien bilden, da die Väter durch das selbstmörderische Paarungsverhalten der Männchen nie die gleichen sein können.

Der nach einem Schwarmauszug zurückbleibende Teil der Kolonie ist zunächst noch mit dem ausgezogenen Teil identisch, da er wie der Schwarm von der abgezogenen Mutter abstammt. Das ändert sich aber ab dem Moment, wo die neue Jungkönigin mit ihrer Eiablage beginnt. Sind alle alten Bienen gestorben und durch neue ersetzt, ist die Umstellung des „genetischen Make-up" abgeschlossen. Eine Bienenkolonie, die über lange Zeiträume ortsfest das gleiche Nest belegt, ändert wie ein „genetisches Chamäleon" regelmäßig ihre genetische Ausstattung. Der Superorganismus ist derselbe und ist doch nicht gleich.

Der Primärschwarm um die Altkönigin hingegen behält seine genetische Ausstattung bis zu dem Zeitpunkt, an dem die Königin ersetzt wird.

Lebenszyklus des Superorganismus

Mehrzellige Organismen durchlaufen in jeder Generation einen Lebenszyklus, der aus vier Phasen aufgebaut ist: Der Zyklus beginnt mit dem Einzellstadium, gewöhnlicherweise mit der befruchteten Eizelle. Darauf folgt als zweites Stadium die Periode des Wachstums und der Entwicklung. Die dritte Periode beginnt mit dem Eintritt in die Geschlechtsreife. Der vierte und letzte Abschnitt ist die Periode der Vermehrung und fällt in der Regel mit dem dritten Abschnitt, der Geschlechtsreife, zusammen. Alle vier Abschnitte ergeben zusammengenommen die Länge einer Generation. Aufeinanderfolgende Generationslängen können innerhalb einer Art schwanken, da die einzelnen Phasen umweltbedingt unterschiedliche Zeitspannen einnehmen können. Die Jahreszeiten und die damit einhergehenden unterschiedlichen klimatischen Situationen mit allen direkten und indirekten Folgen für einen Organismus sind ein mächtiger Faktor in der Beeinflussung der tatsächlichen Generationslängen.

Betrachten wir die Königin der Honigbienen, so liegt deren individuelle Generationszeit zwischen dem Beginn der Embryonalentwicklung einer Königin im Ei bis zum Paarungsakt dieser Biene bei maximal einem Monat. Das bedeutet aber keineswegs, dass tatsächlich alle vier Wochen eine neue Generation an Bienenköniginnen entsteht. Die praktizierte Generationslänge der Honigbienen ist kompliziert. Misst man als Generationsdauer wie üblich die Zeit zwischen dem Auftreten zweier aufeinander folgender fortpflanzungsfähiger Weibchen, so setzt sich eine Generationszeit jeweils aus zwei unterschiedlich langen Phasen zusammen: einer ersten Phase mit der Länge von einem Monat und einer zweiten Phase mit der Dauer von fast einem Jahr. Der eine Monat ist als echte Generationsdauer die Zeit zwischen der Ablage eines Eies, das zu einer künftigen

Königin bestimmt ist, und – nach abgeschlossener Entwicklung – dem Paarungsakt der Königin. Die zweite Phase der Generationszeit, nahezu ein Jahr, verstreicht, bis diese neue Königin wiederum ein Ei legt, aus dem sich eine Königin der nächsten Generation entwickeln wird. So kommt ein Rhythmus zustande, dem streng genommen keine echte Generationsdauer zugrunde liegt, sondern bei dem zwischen den physiologischen Generationen eine Art lange Ruhepause eingelegt wird.

Diese komplizierte Zusammensetzung der Generationszeiten kommt durch einen Trick zustande, wie er nur in Superorganismen wie den Staaten der Honigbienen möglich ist: Die Königin produziert kontinuierlich Eier, die sich zu Weibchen entwickeln. In der Regel bleiben diese Weibchen unfruchtbar. Geschlechtsreife Königinnen werden im Bedarfsfall hergestellt, indem einzelne Larven, untergebracht in den Weiselwiegen, von den Arbeitsbienen mit einem besonderen Futtersaft versorgt werden. Dieser Mechanismus ermöglicht es den Arbeiterinnen, zu jedem beliebigen Zeitpunkt neue Geschlechtstiere zu ziehen. Und da es, abgesehen von wenigen Wochen im Winter, ständig Larven im Bienenvolk gibt, können die Arbeiterinnen jederzeit bestimmen, wann eine neue Königin hergestellt werden soll. Das ist typischerweise einmal im Jahr der Fall. Da die Königin im Sommer ohne Pause Eier legt, kommt es mit dem jährlichen Entstehen einer neuen Königin, gemessen zur vorhergehenden Königin, zur kürzestmöglichen echten Generationszeit und danach zu einer langen Pause bis zur im nächsten Jahr folgenden Königin.

Die Arbeiterinnen der Kolonie bestimmen die Dynamik der Generationenfolge.

Der Superorganismus manipuliert aktiv den Zeitrhythmus der Generationen und streckt das Zeitmuster einer physiologisch kurzen Generationszeit dabei in einen Rhythmus mit einer Länge von einem Jahr. Und diese Manipulationsmöglichkeit der Generationsdauer wiederum erlaubt es den Bienen, die praktizierte Generationsdauer der weiblichen Geschlechtstiere an den Teilungsrhythmus der Kolonie anzukoppeln.

Das Teilen des Superorganismus Bienenstaat in Tochterkolonien führt auf der Ebene der gesamten Kolonie im Vergleich zu dem für Einzelorganismen geschilderten vierphasigen Lebenszyklus zu einem vollkommen anderen und stark vereinfachten Zyklus. Der Superorganismus umgeht das Einzelzellstadium und weist auch kein echtes Wachstumsstadium auf. Lediglich die Größe der Kolonie ist Schwankungen unterworfen, die sich durch einen Auf- und Abbau des Kolonieumfangs mit den Jahreszeiten ausdrücken, mit einer Aufbauphase in Frühjahr und den stärksten Verlusten durch Schwarmabflug im Frühsommer sowie Todesfällen über den Winter. Im Prinzip ist der Superorganismus die meiste Zeit teilungsbereit. Er muss lediglich bestimmte Vorbereitungen für diesen Schritt treffen.

Wieso gehen die mit Abstand meisten vielzelligen Organismen nicht den gleichen Weg? Warum teilen sie sich nicht direkt wie Einzeller?

Aufbau und Entwicklung eines Organismus, vom Einzelzellstadium angefangen, sind kostspielig und aufwendig, da jedes Stadium seine spezifischen Probleme mitbringt, die gelöst werden müssen. Und man wäre, wie die sich immer nur zweiteilenden Einzeller, potenziell unsterblich. Warum hat die Natur unter Umgehung von komplizertem Sex keine sich zweiteilenden unsterblichen Katzen hervorgebracht? Nur weil es technisch-morphologisch nicht einfach zu bewerkstelligen wäre?

Eine Erklärung für die Bevorzugung des schwierigen, umständlichen vierphasigen Lebenszyklus gibt die Genetik. Wie bereits erwähnt, vergrößert eine Vermehrung, die an sexuelle Vorgänge gekoppelt wurde, die Anzahl an Typen in einer Population, eine unverzichtbare Voraussetzung für Evolution; das hat bereits Charles Darwin erkannt. Die Erfindung des Sex und die Spezialisierung weniger Körperzellen auf die Fortpflanzung hat allerdings bei vielzelligen Lebewesen den Tod aller übrigen Körperzellen zur Folge. Die Arbeitsteilung in Keimzellen und somatische Körperzellen, die wir bei vielzelligen Organismen finden, brachte das Prinzip Tod auf die Bühne des Lebens, und zwar nicht nur durch Unfälle und Gefressenwerden, sondern als programmiertes allgemeines Prinzip (▶ Abb. 1.1).

Die Honigbienen haben in dieser schwierigen Landschaft der Evolution für sich einen erstaunlichen Königsweg gefunden. Durch die Vermehrung der ganzen Kolonien per Teilung bei gleichzeitiger Erzeugung von Geschlechtstieren, deren Generationsdauer von den Arbeiterinnen an den Teilungszyklus angekoppelt wird, haben die Bienen das eine erreicht, ohne das andere zu lassen: Durch die Beibehaltung von Geschlechtstieren wurde nicht auf die Option verzichtet, die genetische Variabilität hoch halten zu können. Die Bienen verfügen folglich auch über eine kontinuierliche Keimbahnlinie wie alle sich geschlechtlich fortpflanzenden Tiere und Pflanzen (▶ Abb. 1.1). Aber sie umhüllen diese unsterbliche Keimbahnlinie, anders als die vielzelligen Einzelwesen, mit einem ebenfalls unsterblichen Superorganismus. Der Trick dabei: Die Vermehrung der Kolonien lediglich durch Teilung hat eine Vereinfachung des Lebenszyklus des Superorganismus zur Folge und macht ihn im Prinzip unsterblich.

Es mutet merkwürdig an, dass dieses Prinzip, durch Teilung potenziell unsterblich zu werden, bei den einfachsten Lebewesen, den Einzellern, und den komplexesten Lebensformen, den Superorganismen, zu finden ist.

Der Tod und die Unsterblichkeit

Wir Menschen sind stolz auf ein möglichst weit zurückreichendes Gründungsdatum unserer Städte, markiert durch tausendjährige Geschichte und Fünfzehnhundertjahrfeiern. Es sind natürlich nicht mehr die gleichen Häuser und Straßen und schon gar nicht die gleichen Bewohner, die derart lange überleben, aber es ist die Siedlung in ihrer geographischen Lage und Organisationsform als Einheit, die ununterbrochen bewohnt ist. In diesem Sinne ist eine Bienenkolonie eine kontinuierliche Einheit.

Die „ewige Kolonie" wird möglich durch einen fortwährenden Ersatz ihrer Mitglieder. Alle vier Wochen bis zwölf Monate werden die Arbeiterinnen und alle drei bis fünf Jahre die Königinnen ausgetauscht. Die Drohnen sind mit etwa zwei bis vier Wochen so kurzlebig wie die meisten Arbeiterinnen. Ausgehend von einer Volkstärke von 50 000 Bienen und einer täglichen Todesstrecke von 500 Tieren wäre bei diesem täglichen Bienenaustausch von einem Prozent die gesamte Kolonie, abgesehen von der Königin, innerhalb von etwa vier Monaten ausgetauscht. Dieser Wechsel zerstört die genetische Identität der Kolonie nicht.

Völlig verändert wird die genetische Ausstattung der Kolonie allerdings, wenn eine neue Königin für die Nachkommen dieser Kolonie zuständig wird. Dieser Schritt ist der Einstieg in den schleichenden „genetischen Tod" der zu diesem Zeitpunkt existierenden Kolonie. Neue Königinnen sind in ihren Eiern und den Samen der Drohnen, die sie begattet haben, genetisch neu ausgestattet, und das gilt auch für alle ihre Nachkommen, die im Laufe der Zeit die Kolonie bevölkern und sämtliche alten Bienen ersetzen. Diese Umstellung geschieht regelmäßig, wenn vor der Vermehrung der Kolonie durch Schwarmbildung neue Jungköniginnen erzeugt werden. Die gleiche Neuausrichtung der

genetischen Basis und Zusammensetzung einer Kolonie tritt aber auch dann ein, wenn in einer Notlage des Superorganismus aus einer beliebigen Larve eine neue Königin nachgezogen werden muss (Abb. 2.7). Durch eine solche Nachbeschaffung ersetzt eine Kolonie eine nicht mehr einsatzfähige Altkönigin durch eine Jungkönigin, die auf ihrem Hochzeitsflug eine neue „Samenmischung" zur Erzeugung von Arbeiterinnen mit auf den Weg bekommt. Eine ortsfeste Bienenkolonie, die im natürlichen Schwarmverhalten jährlich ihre Königin austauscht, ändert ihre genetische „Farbe" im Jahresrhythmus.

Da die Kolonien ortsfest und potenziell unsterblich sind, entsteht das Problem, dass für neu hinzukommende Kolonien weder Zeit noch Raum wäre. Dazu kommt es nicht. Regulierend greifen Krankheiten, Parasiten, Räuber und Nahrungs- bzw. Wassermangel oder echte Katastrophen,

2.7 Nachschaffungszellen sind Notlösungen, die unter Zeitdruck in einem Brutnest angelegt werden.

2.8 Dieser Schwarm hat es vor einem Unwettereinbruch nicht rechtzeitig geschafft, eine neue Behausung zu beziehen.

wie Waldbrände, in das Geschehen ein, bedrohen massiv die Kolonien und führen häufig genug zum Ende der potenziell endlosen Kette. So bekommen neue Kolonien ihre Chance. Auch die Überlebenswahrscheinlichkeit ausgeschwärmter Kolonien ist nicht allzu hoch. Etwa jeder zweite Schwarm übersteht das Auszugsabenteuer nicht, besonders wenn es sich um schwache Nachschwärme handelt, vor allem dann nicht, wenn diese kleinen Schwärme von Unwettern überrascht werden (Abb. 2.8). Aber diejenigen Schwärme, die die erste neue Saison überstehen, haben sehr gute Zukunftsaussichten.

Materie- und Energiestrom organisieren

Die potenzielle Unsterblichkeit der Kolonien mit einem langsamen, aber ständigen Abspaltungsstrom von voll funktionsfähigen individuenstarken Tochterkolonien kostet ihren Preis.

Die Erschaffung der Tochterkolonien ist nicht nebenbei zu erledigen, sondern die gesamte Biologie der Honigbienen mit all ihren erstaunlichen Leistungen ist darauf ausgelegt, Materie und Energie aus der Umwelt zu entnehmen und so zu organisieren, dass daraus Tochterkolonien von höchster Qualität entstehen können. Diese zentrale Einsicht ist der Schlüssel zum Verständnis der erstaunlichen Errungenschaften und Leistungen der Honigbienen.

Wenn man so will, verlassen die Honigbienen die autarke „Welt" ihres Nestes in erster Linie, um Materie und Energie einzutragen, damit sie sich am Leben erhalten und einmal jährlich die Kolonievermehrung vorbereiten und durchführen können.

Welchen Weg nehmen Materie und Energie durch ein Bienenvolk? Was heißt „Organisieren" der Wege?

Alles irdische Leben hängt von der Sonne ab. Diese versorgt zunächst die Pflanzen mit Energie, die Sonnenenergie fixieren und organische Stoffe aufbauen können. Die so entstandene Pflanzenmaterie und die darin gespeicherte Energie wird dann von Tieren genutzt. Das gilt in ganz besonderem Maße für die Aufrechterhaltung einer Bienenkolonie (Abb. 2.9) und

für die Produktion von Ablegerkolonien. Die Honigbienen sind daher vollständig von den Blütenpflanzen abhängig.

Dabei werden die Blütenpflanzen von den Bienen aber nicht einseitig ausgebeutet, sondern Blütenpflanzen und Honigbienen unterstützen sich gegenseitig in der wichtigsten Aufgabe aller Lebewesen, der Fortpflanzung. Bienen übertragen beim Blütenbesuch den Pollen von Blüte zu Blüte und erledigen so den Sex für die Blumen als Voraussetzung zur Bildung von Samen, die in Früchte eingebettet werden. Die „Früchte" der Bienenkolonien sind in Analogie die kompletten neuen Ablegervölker, deren Herstellung auf den pflanzlichen Rohstoffen Nektar und Pollen beruht. Folgt man dieser anschaulichen, aber allzu stark vereinfachten Pflanzenanalogie, sind die in die Ablegervölker eingebetteten Geschlechtstiere die „Samen" der Bienen (Abb. 2.10).

2.9 Honig ist die Sonnenenergiebatterie im dunklen Bienennest. Sonnenenergie wird von den Pflanzen eingefangen und als Zucker im Nektar gespeichert. Von dort bedienen sich die Honigbienen und lagern die chemisch gebundene Sonnenenergie als Honig im Nest.

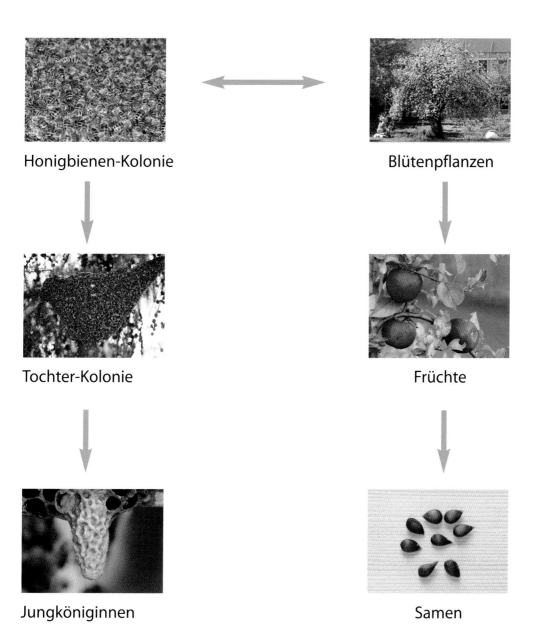

Honigbienen-Kolonie

Blütenpflanzen

Tochter-Kolonie

Früchte

Jungköniginnen

Samen

2.10 Die Kolonien von Honigbienen und viele Blütenpflanzen sind in ihrer Biologie eng verwoben. Bienenkolonien bringen Tochterkolonien hervor, die wiederum Jungköniginnen als die weiblichen Keimzellträger umhüllen. Blütenpflanzen bringen Früchte hervor, die als Hülle für die Samen dienen. Der andauernde Zustrom von Materie und Energie aus den Blüten in eine Bienenkolonie ermöglicht einen ständigen Ersatz der Koloniemitglieder und damit die „ewige Kolonie", die einen andauernden Ablegerstrom aus der Kolonie herausschickt.

3

Die Honigbiene –
ein Erfolgsmodell

Honigbienen sind eine extrem artenarme
Gruppe, aber ihr gestaltender und
erhaltender Einfluss auf Biotope ist
überragend.

3.1 Einer nahezu unüberschaubaren Vielfalt an Blütenpflanzen stehen nur wenige Arten Honigbienen gegenüber, die sie bestäuben.

Honigbienen haben eine bemerkenswert geringe Artenvielfalt hervorgebracht. Man kennt weltweit nur neun Spezies der Gattung *Apis*, nicht gerade ein Positivrekord für Insekten. Diese wenigen Bienenarten werden zusammen mit den Hummeln zur Familie der Echten Bienen (*Apidae*) zusammengefasst. In Asien leben acht Arten von Honigbienen, während es auf den beiden Kontinenten Europa und Afrika erstaunlicherweise nur eine einzige weitere Spezies, die Honigbiene *Apis mellifera*, gibt. Sie bildet dort zahlreiche Rassen aus, die untereinander problemlos kreuzbar sind. Durch den Menschen wurde *Apis mellifera* dann sekundär weltweit verbreitet.

Nur eine einzige Art auf zwei Kontinenten – das erweckt den Anschein einer erfolglosen, unscheinbaren Randgruppe. Man würde aber einen großen Fehler begehen, wenn man die Honigbienen aufgrund ihrer extrem geringen Artenzahl als unbedeutende Randgruppe abtäte. Man halte sich nur einmal vor Augen, was die ebenfalls sehr artenarme Gruppe der Gattung *Homo* bisher zum Erscheinungsbild unseres Globus beigetragen hat. Dem ist die gestaltende und erhaltende Rolle, welche die Honigbienen für das Erscheinungsbild der blütenpflanzenbestimmten Vegetationen nachhaltig spielen, durchaus vergleichbar.

Vom Auffressen zum zarten Bestäuben

Blütenpflanzen gibt es seit etwa 130 Millionen Jahren. Ursprünglich alleine dem Wind als „Postillon d'amour" überlassen, war Blumensex durch die enormen Massen an Pollen, die auf eine unsichere und in den allermeisten Fällen erfolglose Reise geschickt wurden, ein eher unökonomisches Unterfangen. Und an sehr windarmen Lokalitäten lief sowieso nicht viel.

Ein deutlicher Fortschritt war zu verzeichnen, als Insekten den Blütenstaub als Nahrungsquelle entdeckten und die Staubbeutel schlichtweg auffraßen (Abb. 3.2). Beim reihenweisen Verzehren der Staubblätter benachbarter Blüten kam immerhin ein ausreichender Transport der Pollen auf entsprechende weibliche Blütenstempel zustande. Derart rabiat gehen manche Insekten wie Rosenkäfer auch heute noch mit Blüten um.

Ein zarter Umgang mit den Blüten, bei dem die höchst beweglichen Pollenkörnchen zuverlässig von Blüte zu Blüte transportiert werden, ist aus Blütensicht das Wunschziel. Mit den Bienen haben die Blütenpflanzen Partner gefunden, mit denen sie sich im Laufe einer langen gemeinsamen Koevolution so eingespielt haben, dass sie ihrer Idealbeziehung denkbar nah gekommen sind.

Dieses Bündnis hat als erster Christian Conrad Sprengel in einem wunderschönen Buch im Jahre 1793 beschrieben. Er gab seinem Werk den Titel *Das entdeckte Geheimnis der Natur im Bau und in der Befruchtung der Blumen*. So sehr wir diese geniale Einsicht heute bewundern, so wenig Freude hatte Sprengel selbst damit. Seine Einsichten blieben von der Fachwelt vollkommen unbeachtet, ja er wurde sogar angefeindet, weil er derartig Unkeusches über die unschuldigen Blumen verbreitete. Kein Geringerer als Charles Darwin experimentierte, angeregt durch die Schrift Sprengels, um 1860 mit Blütenpflanzen. Er bedeckte sie mit Netzen, um den bestäubenden Insekten den Zutritt zu verwehren. Als er deren Fruchtansatz mit dem unbenetzter Pflanzen verglich, kam er zu einem eindeutigen Resultat.

Das Bestäubungssystem der Blütenpflanzen hat eine Abhängigkeit zwischen Insekten und Blütenpflanzen hervorgebracht, bei der die Insekten wie auf einem Jahrmarkt zwischen unterschiedlichen Anbietern wählen können und in der die Pflanzen um ihre Kunden, die blütenbesuchenden Insekten, konkurrieren. Dabei unterscheiden sich die Pflanzen als Anbieter in der Qualität und der Menge an Nektar, der den Besuchern angeboten wird, und auch die Polleninhaltsstoffe variieren von Pflanze zu Pflanze. Sogar die Temperatur des Nektars ist eine Größe, die Pflanzen möglicherweise als Qualitätsmerkmal einsetzen. Hummeln (Abb. 3.3) zumindest

bevorzugen Blüten mit höhertemperiertem Nektar und erhalten so neben der chemischen Energie in Form von Kohlehydraten auch ganz direkt Wärmeenergie. Es ist zu vermuten, dass Bienen, haben sie die Wahl zwischen unterschiedlich temperiertem Nektar, sich nicht anders als die Hummeln verhalten und an den Blüten eine wärmere Mahlzeit bevorzugen.

Das Marktgeschrei auf dem Blütenmarkt zielt auf die Sehwelt und die Riechwelt der Bienen. Die Notwendigkeit, den Bienen besonders Auffälliges zu bieten, steigt mit der Menge der direkten Konkurrenten, die zeitgleich im gleichen Sammelgebiet der Bienen blühen. Was aus Bienensicht auffallend ist, wird festgelegt von den Wahrnehmungsfähigkeiten der Bienen und den Möglichkeiten und Grenzen ihrer „intellektuellen" Leistungen. In Kapitel 4

3.2 Rosenkäfer sind auch heute noch den Blüten gegenüber so rabiat, wie es die Insekten zu Beginn ihrer Beziehung zu den Blütenpflanzen gewesen sind: Sie fressen sie auf. Der Kopfschild dient als Schaufel, mit dem die Staubbeutel zusammengeschoben werden, um möglichst viele von ihnen absäbeln zu können.

werden wir ausführlicher darauf zurückkommen.

Mit dem Erscheinen deutlich weniger destruktiver Bestäuberinsekten konnten die Pflanzen sensible Teile der Blüte in das geschützte Innere verlagern und so ihre Geschlechtsorgane und Geschlechtsprodukte vor Wind und Wetter sowie vor den zerstörerischen Fressbestäubern besser schützen. Dazu kamen dann Blütenteile mit optischen und duftenden Auffälligkeiten, die dazu dienten, die gewünschten Gäste an den gedeckten Tisch zu locken.

Honigbienen sind in den meisten Regionen der Erde, in denen es Blütenpflanzen gibt, die wichtigsten Bestäuber. Sie sind aber keineswegs die einzigen Insekten, die so etwas tun. Fliegen, Schmetterlinge, Käfer und andere Hautflügler aus der Verwandtschaft der Honigbienen, wie nicht-staatenbildende Bienen, Wespen, Hummeln und sogar Ameisen können das Bestäubungsgeschäft erledigen. Dabei sind die wenigsten Blüten nur auf eine einzige Insektenspezies angewiesen. Aber kein anderer Bestäuber ist so wirkungsvoll wie die Honigbiene. Weltweit werden etwa 80 Prozent aller Blütenpflanzen von Insekten bestäubt, und von diesen wiederum etwa 85 Prozent von Honigbienen. Bei Obstbäumen sind es sogar 90 Prozent der Blüten, die von Honigbienen besucht

3.3 Wärmebild einer nektarsammelnden Hummel auf einer Korbblüte. Hummeln und vermutlich auch Honigbienen bevorzugen Blüten mit angewärmtem Nektar.

werden. Die Liste der Blütenpflanzen, die von Honigbienen bestäubt werden, umfasst somit etwa 170 000 Arten. Die Anzahl der Blütenpflanzenspezies, die auf die Honigbienen angewiesen sind und denen es ohne Honigbienenbesuche erkennbar schlecht ginge, wird auf etwa 40 000 Arten geschätzt. Und dieses Blütenmeer wird weltweit von gerade einmal neun Honigbienenarten bestäubt, in Europa und Afrika sogar nur von einer einzigen Art, die für die meisten Blütenpflanzen unverzichtbar ist.

Dieses extreme Zahlenverhältnis von Pflanzenkunden und Bestäubungsleistungsanbietern ist höchst erstaunlich und spricht dafür, dass Honigbienen mit ihrer Lebensform derart erfolgreich sind, dass sie ähnlich angelegten Konkurrenten für eine Koexistenz keinen Raum lassen.

Das ist Globalisierung und Monopolbildung im Tierreich.

Und in der Tat kann eine Kolonie Honigbienen mit ihrem enormen Fleiß jeden Konkurrenten das Fürchten lehren. Eine einzige solche Kolonie Honigbienen vermag an einem einzigen Arbeitstag mehrere Millionen Blüten zu besuchen. Da sich die Bienen über neu entdeckte Blütenreviere informieren, ist ein rascher Besuch aller Blüten garantiert. Kaum eine Blüte muss unbesucht verblühen. Und da die Bienen

echte Generalisten sind, die mit fast allen Blütentypen zurechtkommen, haben alle Blüten die gleiche Chance, von den Bienen aufgesucht zu werden.

Die Menge an besuchten Blüten, die rasche Rekrutierung einer sinnvollen Anzahl an Sammelbienen und die enorme Anpassungsfähigkeit der Einzelbienen und der gesamten Kolonie an die „Blütenlage" draußen im Feld machen die Honigbienen zu idealen Partnern der Blütenpflanzen. In der Tat haben die Blütenpflanzen im Laufe ihrer Evolution alle Register gezogen, um für Honigbienen interessant zu sein. Den Pollen an Besucherinsekten zu verlieren, das kannten die Blüten bereits. Aber mit den Bienen ist eine blütenfreundliche Umgangsform entstanden. Der Pollen wird von den Bienen nicht brachial entfernt, sondern er bleibt an den dicht stehenden verzweigten Borsten im Haarkleid der Bienen hängen (Abb. 3.4).

Die zuverlässigen und rücksichtsvollen Pollentransporteure erlauben es den Blüten zudem, drastisch weniger Pollenmengen herzustellen als im Falle der Windbestäubung und immer noch deutlich weniger als im Falle der blütenfressenden Käfer. Da die Bienen aufgrund einer blütenseitigen Beschränkung auf eine Pollenmindestmenge nicht mehr im Pollen baden können, haben sie sich im Laufe der Evolution eine Ausrüstung zugelegt, die ein verlustloses, optimales Einsammeln und Transportieren der deutlich verknappten Blütenstaubmenge ermöglicht. Dabei arbeiten Vorder-, Mittel- und Hinterbeine bei der Herstellung von festen Pollenpaketen so gut zusammen, dass es jeder vollautomatischen Erntemaschine alle Ehre machte. Am Ende des Prozesses findet sich rechts und links an den Hinterbeinen je ein massives Pollenklümpchen; es ist dort in mit Borsten umgrenzten Abschnitten der Schenkel, den so genannten Körbchen, untergebracht (Abb. 3.5).

Die süße Verführung

Die äußere Gestalt der Honigbienen hat sich nicht nur durch eine auf den Pollentransport ausgerichtete Koevolution mit den Blüten entwickelt. Die Blütenpflanzen haben den Bienen noch mehr zu bieten: Schon Farne, die lange vor den Blütenpflanzen die Erde bevölkerten, scheiden süßen Siebröhrensaft, der hin und wieder in größeren Mengen als Produkt der Photosynthese entsteht, als Nektar aus. Diese Entmüllung haben die Blütenpflanzen beibehalten und derart weiterentwickelt, dass aus dem ehemaligen Abfall ein für den Bienenkonsum gezielt hergestelltes Produkt entstanden ist, der Nektar (Abb. 3.6).

Und um an diese Nahrungsquelle heranzukommen, haben die Honigbienen in Aufbau und Größe geeignete Mundwerkzeuge und im Hinterleib einen Darmabschnitt als Tank entwickelt, in dem bei 90 Milligramm Körpergewicht mit bis zu 40 Milligramm Nektar etwa die Hälfte des Eigengewichtes als Nektarnutzlast untergebracht werden kann. Der Inhalt des Sammelmagens ist gemeinsamer Besitz der Kolonie. Was die Biene für sich selbst verbraucht, ist ein geringer Bruchteil ihrer Beute und wird nicht aus dem Sammelmagen abgezweigt, sondern passiert im Bedarfsfall ein feines Ventilchen, das den

---

3.4 Das Haarkleid der Honigbienen hält viele der wertvollen Pollenkörner fest.

3.5 Die Pollenfracht wird bevorzugt auf dem Nachhauseflug ausgebürstet und an den beiden Hinterbeinen zu den Pollenhöschen verdichtet. Von einem Pollensammelflug kann eine Biene eine Pollenladung von 15 Milligramm zurückbringen. Auf diese Weise bringt ein Bienenvolk im Laufe eines Jahres etwa 20–30 Kilogramm reinen Pollenstaub nach Hause.

Durchlass zum verdauenden Mitteldarm darstellt.

Für die Bienen legen sich die Blüten mächtig ins Zeug. So kann eine einzige Kirschblüte an nur einem Tag mehr als 30 Milligramm Nektar erzeugen. Ein ganzer Kirschbaum kann es auf täglich nahezu zwei Kilogramm Nektar bringen. Die Menge, die eine Sammelbiene von jedem Ausflug in ihrem Sammelmagen mit nach Hause bringt, beträgt bis zu 40 Milligramm, also etwa die Tagesproduktion einer Kirschbaumblüte. An Apfelblüten muss schon eine deutlich größere Anzahl geleert werden. Bei zwei Milligramm Nektar pro Apfelblüte füllt sich der Honigmagen der Sammelbienen hier mit etwa 20 Tagesleistungen der Nektarproduktion einer Blüte. Das bedeutet nicht, dass eine Biene nur zwei Kirschblüten oder zwanzig Apfelblüten besuchen muss, um ihren Magen zu füllen. Pro Blütenbesuch kann eine Biene immer nur den aktuell gedeckten Tisch leeren, der danach von der Blüte erst wieder gefüllt werden muss. Eine rekordverdächtige Biene kann an einem optimalen Tag bis zu 3 000 Blüten besuchen (Abb. 3.7).

3.6 Eine der relativ wenigen Sammelbienen, die gleichzeitig Pollen und Nektar sammeln, mit einem großen Nektartropfen zwischen ihren Mundwerkzeugen. Dieser Tropfen wird verschluckt und im Honigmagen transportiert. Im Nest wird die gesamte Fracht wieder hochgewürgt, mit Enzymen vermischt und Abnehmerbienen überlassen, die den Nektar dann in den Zellen der Waben verstauen.

Das bedeutet aber nicht 3 000 Ausflüge. In dieser Hinsicht sind die Bienen eher faul. Die Anzahl der Blüten, die eine Sammelbiene auf einer ihrer verhältnismäßig wenigen Tagestouren besucht, muss umso höher ausfallen, je weniger Nektar die Blüte zum Zeitpunkt des Bienenbesuches anbieten kann.

Die einzelnen Blüten stehen den Bienen nicht als unerschöpfliches Nektar-Schlaraffenland zur Verfügung. Nektarproduktion als Bienenlockstrategie kostet die Pflanzen einen Preis in Form der Rohstoffe und der Energie, die in dieses Blütenprodukt gesteckt werden müssen. Wenn man aus Sicht der Blüten eine Kosten-Nutzen-Betrachtung anstellen würde, ist für die Blüten eine durch sparsamen Nektarausstoß erschlichene hohe Besuchsfrequenz günstig: viele Anflüge durch die Bienen und somit Sicherung einer erfolgreichen Bestäubung bei geringstmöglicher Nektarabgabe. Allerdings darf die Blüte ihre Nektarsparsamkeit nicht auf die Spitze

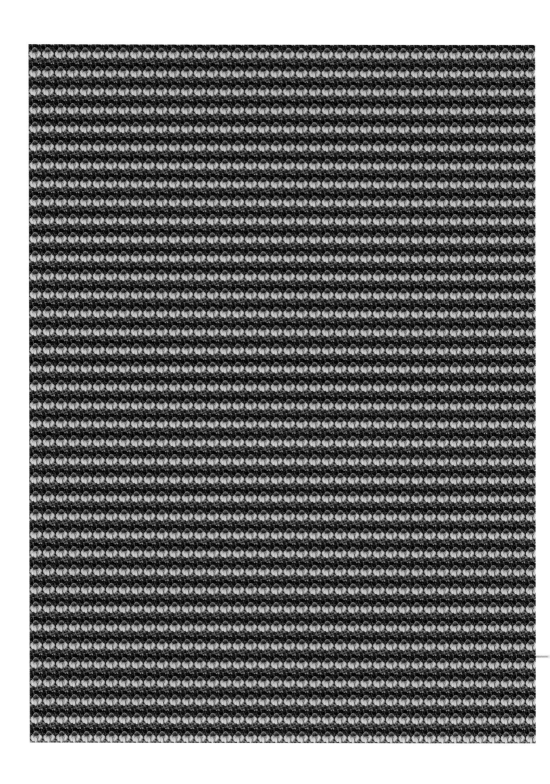

treiben, da sonst die Kundschaft ausbleibt und sich lieber einem freigiebigeren Blütenkonkurrenten zuwenden würde.

Bienenfleiß

Honigbienen müssen außer in der Fortpflanzungsperiode ihr autarkes Nest nur zum Eintrag von Materie und Energie verlassen. Dabei legen alle Sammelbienen eines Volkes gemeinsam durch ihre Suchflüge ein dichtes Netz über die Umgebung ihres Nestes. In diesem unsichtbaren Netz bleibt jede Einzelblüte hängen.

Es ist also aus Blütensicht gar nicht nötig, dass weitere Bestäuberinsekten auf den Plan treten. Ein Bienenvolk kann rein theoretisch rund um das Bienennest eine Fläche von bis zu 400 Quadratkilometern abdecken, wenn man die maximale Distanz einsetzt, die sich eine Biene vom Stock entfernen kann. Das sind bei geradlinigem Flug etwa 10 Kilometer. Die im Stock aufgenommene Tankfüllung an Honig-Energiereserve für den Ausflug reicht maximal für diese Flugstrecke. Derartige Höchstleistungen erbringt die Biene aber nur in einer blütenlosen Wüste, in der die Nektarnot die Sammelbienen weit in die Ferne treibt, so dass der Energieverbrauch fast genau so groß ist wie der Gewinn und „rote Bilanzzahlen" gerade noch vermieden werden können. In der Regel entfernen sich die Sammelbienen bei den meisten ihrer Ausflüge zwischen zwei und vier Kilometer vom Nest. Das ist eine unter wirtschaftlichen Gesichtspunkten noch tragbare Distanz, wenn man die Relation zwischen dem Energieaufwand für den Flug in Form von Honigtreibstoff und der Energieausbeute in Form der heimgebrachten Nektarmenge betrachtet.

Das Dasein als Sammelbiene ist vermutlich der anspruchsvollste Lebensabschnitt für eine Honigbiene. Es erscheint nur folgerichtig, dass es die Sammelbienen sind, bei denen erst in jüngster Zeit ausgeprägte Schlafzustände entdeckt und beschrieben worden sind (Abb. 3.8). Auch Jungbienen schlafen, aber kürzer und ohne ausgeprägten Tag-Nacht-Rhythmus. Sammelbienen schlafen länger und vor allem nachts. Geschlafen wird im Stock, deutlich seltener auch außerhalb der Kolonie draußen im Feld (Abb. 3.9). Schlafende Bienen sind äußerlich an einer Körperhaltung erkennbar, die eine fehlende Muskelspannung widerspiegelt: Die Antennen hängen herunter, und die Beine sind eingeknickt. Warum insbesondere die Sammelbienen schlafen müssen, lässt sich ebenso wenig beantworten, wie bisher für irgendein anderes Lebewesen umfassend und befriedigend geklärt werden konnte, wozu Schlaf eigentlich dient. Dass er aber so deutlich nur bei den Sammelbienen auftritt, spricht für die Bedeutung des Schlafes für die Verhaltensleistungen im Außendienst.

Blüten und ihr Angebot an die Honigbienen sind nicht zu allen Zeiten und an allen Orten innerhalb des Flugreviers eines Bienenvolkes verfügbar. Blüten erscheinen je nach geographischer Region entweder jahreszeitlich fokussiert, also nicht immer,

3.7 Das Blütenbesuchsprogramm eines halben Tages im Überblick. Eine einzige Biene kann an einem Arbeitstag bis zu 3 000 Blüten besuchen. Derart viele Blüten werden auf wenigen ausgedehnten Rundflügen nur besucht, wenn jede einzelne Blüte nur sehr wenig Nektar abgibt.

3.8 Arbeitsbienen schlafen hauptsächlich nachts in ruhigen Randbereichen des Nestes und bilden dabei nicht selten, wie hier am oberen Wabenrand, richtiggehende Schlafgruppen.

3.9 Schlafende Sammelbienen kann man relativ selten auch im Feld an einer Blüte finden.

aber dann überall, oder man findet sie ganzjährig, aber dann räumlich konzentriert, also nicht überall.

Der erste Fall trifft im Verbreitungsgebiet von Honigbienen auf die gemäßigten Breiten zu, der zweite Fall auf die Subtropen und die Tropen. Auffinden und Ausbeuten von Trachtquellen stellen demnach ein Bienenvolk, abhängig von den Eigenschaften des Lebensraumes, vor einen jeweils andersartigen Problemkomplex. Es erscheint plausibel, dass ein örtlich sehr begrenztes Auftreten von Blüten, dessen Zeitpunkt zudem für die Bienen unvorhersehbar ist, die Konkurrenz zwischen den Bienenvölkern dieser Region um diesen Schatz deutlich steigert. Wir finden diese Situation bei blühenden tropischen Bäumen, die sich den Bienen inmitten eines ansonsten blütenlosen grünen Blättermeeres anbieten; die Bienen stoßen das ganze Jahr über einmal hier, einmal dort auf einen blühenden Baum. Unter derartigen ökologischen Bedingungen entstanden im Laufe der Evolution nicht nur die Honigbienen, sondern sicherlich sehr rasch auch deren konzertierte Ausbeutungsaktionen, ermöglicht durch eine ausgeklügelte Kommunikation unter den Bienen. Als die Honigbienen dann später in die gemäßigten Breiten vordrangen, brachten sie bereits die volle Ausstattung für effektive Blütenbesuche mit.

Zur effektiven Nutzung des Blütenangebots gehört auch die Fähigkeit des Superorganismus Bienenvolk, jeweils genau die richtige Menge an Sammelbienen entsprechend der Ergiebigkeit des pflanzenseitigen Angebots im Gelände zu verteilen. Attraktive ergiebige Quellen sollten stark besucht werden, weniger ergiebige Angebote zwar nicht komplett ignoriert, aber durch weniger Arbeitskräfte angeflogen werden. Erschöpfte Quellen sollten gar nicht mehr aufgesucht werden.

Wie viel? Wohin?

Hätte ein Mensch die Aufgabe, den Ernteaufwand an den Blüten dem Angebot anzupassen und die vorhandenen Kräfte entsprechend zu verteilen, dann wäre für eine optimale Lösung eine umfassende Information über die Nektar- und Pollensituation im Feld notwendig. Da sich die Lage im Feld beständig verändert, ist eine andauernde Auffrischung dieser Komplettinformation unabdingbar. Dazu kommt noch die notwendige Übersicht über die Lage im Nest, denn bei vollen Speichern muss beispielsweise nur wenig eingeholt werden.

Tatsächlich lässt sich beobachten, dass die Zahl der Bienen, die als Sammelbienen im Einsatz sind, stark schwankt und sich stets anders auf Nektar- und Pollensammlerinnen aufteilt. Beides, Nektar und Pollen gleichzeitig, kann von nur höchstens 15 Prozent der Sammelbienen nach Hause gebracht werden (Abb. 3.6). Die übergroße Mehrheit der Bienen ist beim Sammeln als Produktspezialist unterwegs.

Keine Biene eines Volkes kann die Übersicht über Angebot und Bedarf haben und die Aufgabe der Arbeitskräfteverteilung übernehmen. Und doch wissen wir aus Beobachtungen und Experimenten, dass das Bienenvolk seine Sammelkräfte optimal im Feld verteilt. Wie kann das funktionieren, wenn niemand in der Kolonie auch nur einen Hauch von Übersicht hat?

Die Lösung besteht, technisch korrekt ausgedrückt, in einem dezentralen, selbstorganisierenden Verteilungsmechanismus. Dezentral heißt, es gibt keine Führungsinstanz, die sagt, „wo es lang geht". Selbstorganisierend heißt, das Muster des Kräfteeinsatzes, das der Superorganismus insgesamt zeigt, entsteht ganz von selbst durch viele kleine Kontakte zwischen den Bienen. Diese Klein-klein-Kontakte dienen dem Austausch von Informationseinheiten über die Millionen von Blüten draußen im Feld. Der Superorganismus wirft sein Beutenetz über mehrere hundert Quadratkilometer aus und zieht die Maschen dort eng, wo es sich lohnt, und lässt sie locker, wo der Kolonie nicht viel entgeht. Pfadfinderbienen, in der Regel zwischen 5 und 20 Prozent der ausfliegenden Bienen eines Volkes und auf der stetigen Suche nach neuen Nahrungsquellen, teilen ihren Stockgenossinnen ihre Neuentdeckungen mit.

Die Sammelanstrengung der Kolonie wird bei höherem Bedarf nicht durch eine Steigerung der Arbeitsleistung der bereits eingesetzten Sammelbienen heraufgesetzt. Der Sammeleifer der einzelnen Bienen ist unterschiedlich. Es gibt sammelfaule Bienen, die es bei bescheidenen ein bis drei Ausflügen täglich bewenden lassen. Jedoch gibt es auch wahre Bienen-Workaholics, die es pro Tag auf zehn und mehr Sammelreisen bringen. Die auf den ersten Blick identisch erscheinenden Mitglieder einer Kolonie offenbaren ihre Bienenpersönlichkeiten durch Langzeitbeobachtung ihres Verhaltens. Versieht man jede Biene eines Volkes zum Zeitpunkt ihrer Geburt mit einem winzigen Mikrochip (RFID-Chip, *radio frequency identification*), der der Biene auf der Rückenseite des Brustabschnittes befestigt wird, lassen sich deren Verhaltensweisen ein Bienenleben

lang exakt aufzeichnen (Abb. 3.10). Solche „gläsernen Bienenvölker" enthüllen dann die Bienenpersönlichkeiten in all ihren Facetten: fleißige, faule, friedliche, aggressive, wärmeliebende, kältebevorzugende … Die Liste ließe sich beliebig fortsetzen.

Die Spannbreite des individuellen Bienenfleißes ist aber insgesamt so eng, dass sich die enorme Dynamik, die ein Bienenvolk in seinem Sammeleifer entfalten kann, damit nicht erklären lässt. Vielmehr besteht das Engziehen der Maschen der Sammelschar im Feld in der Rekrutierung zusätzlicher Sammelbienen, die lohnende Quellen anfliegen. Unbeschäftigte Sammelbienen und deren bedarfsweiser Einsatz ist das Geheimnis, das die Bienen trotz „Kopflosigkeit" des Volkes das Blütenangebot in ihrem Flugrevier in Raum und Zeit optimal ausbeuten lässt. So können, ausgehend von ein paar hundert aktiven Sammlerinnen, am Ende bis zu einem Drittel aller Bienen einer Kolonie draußen unterwegs sein.

Was wir an Bienen und Blüten beobachten können, ist als Resultat der Koevolution dieser beiden Partner eine Beziehung, die nicht von gegenseitigen Geschenken geprägt ist, sondern eher auf gegenseitiger Ausbeutung beruht. Im Falle der Blütenpflanzen-Honigbienen-Beziehung hat diese gegenseitige Ausbeutung eine Positivspirale in Gang gesetzt, an deren Ende eine wunderbare Partnerschaft steht. Dabei haben sich Bienen und Blüten gegenseitig modelliert und sind inzwischen so unauflösbar miteinander verwoben, dass Honigbienen kaum Blütenservicelücken lassen, die von anderen Insekten ausgefüllt werden könnten. Eine dieser wenigen Lücken entsteht durch die Außentemperatur, ab

3.10 Werden Bienen zum Zeitpunkt ihrer Geburt mit Mikrochips ausgestattet, lässt sich ein Bienenleben lang der Sammelfleiß der Biene verfolgen. So kann man Unterschiede zwischen den einzelnen Bienen feststellen und untersuchen, welche Faktoren die Sammeltätigkeit beeinflussen.

der Bienen auf Sammeltour gehen. Bienen sind erst ab einer Lufttemperatur von etwa zwölf Grad Celsius flugtauglich, was den um die Blüten konkurrierenden Hummeln, die bereits ab etwa sieben Grad Celsius losfliegen, ein Fenster zu einem ungestörten Blütenbesuch öffnet.

Als dritten Pflanzenprodukttyp nutzen die Honigbienen Harze, die sie als Propolis am und im Nest einsetzen. Propolis wird aber nur zu einem geringen Anteil von Blüten eingesammelt, sondern stammt in erster Linie von Knospen, Früchten oder Blättern (Abb. 3.11). Hier sind keine auf die Bienen ausgerichteten Sonderanpassungen auf Pflanzenseite bekannt. Aber man ist in diesem System vor keiner Überraschung sicher …

Die Sammelleistung einer einzelnen Honigbiene hängt wie diejenige eines kompletten Bienenvolkes von einer ganzen Anzahl unterschiedlichster Faktoren ab. Am einfachsten ist es, die Jahressammelleistung zu ermitteln, die vor allem von der Größe des Superorganismus abhängig ist.

3.11 Wenige Sammelbienen spezialisieren sich darauf, von Pflanzen Harze abzukratzen und sie als Propolis dann so wie den Pollen an den Hinterbeinen zurück zum Nest zu transportieren.

Dazu lassen sich für den Nektareintrag einer typischen Bienenkolonie folgende groben Werte abschätzen:
- Eine Sammelbiene kann in ihrem Honigmagen 20 bis 40 Milligramm Nektar transportieren.
- Eine Sammelbiene absolviert pro Tag zwischen drei und zehn Ausflüge.
- Eine Sammelbiene kann über eine Periode von 10 bis 20 Tagen sammeln.
- Eine Kolonie kann im Laufe eines Sommers 100 000 bis 200 000 Sammelbienen hervorbringen.

Daraus lassen sich die Extremwerte zu erwartender Nektarsammelleistung berechnen:
- Minimalwert: 20 Milligramm mal 3 Ausflüge mal 10 Tage mal 100 000 Bienen würden 60 Kilogramm Nektar erbringen.
- Maximalwert: 40 Milligramm mal 10 Ausflüge mal 20 Tage mal 200 000 Bienen würden 1 600 Kilogramm Nektar erbringen.

Aus einer Volumeneinheit Nektar entsteht durch die Eindickung ein etwa halb so großes Honigvolumen, nach diesem Schema also zwischen 30 und 800 Kilogramm pro Volk.

Der hier berechnete untere Wert ist für die realen Verhältnisse deutlich zu niedrig, wie der obere Wert deutlich zu hoch ist. Aber es zeigt sich die Spannbreite, innerhalb derer die wahre Nektarsammelleistung und Honigproduktion liegen muss. In Kapitel 8 wird die Überlegung zu der für ein Bienenvolk notwendigen Sammelmenge noch einmal aufgegriffen.

An Pollen sammelt eine mittelgroße Kolonie etwa 30 Kilogramm jährlich, was für eine „gewichtslose" Materie wie Blütenstaub eine ganz erstaunliche Menge ist.

Die Menge an Propolis, die eine Bienenkolonie in das Nest einträgt, liegt bei mehreren hundert Gramm.

4

Was Bienen über Blüten wissen

Die Sehwelt und die Duftwelt der Bienen, ihre Orientierungsfähigkeit und ein Großteil ihrer Kommunikation drehen sich um ihre Beziehung zu den Blütenpflanzen.

Pollen und Nektar sind für die Bienen natürliche nachwachsende Rohstoffe, die ihnen als ausschließliche Basis für den Aufbau und das Funktionieren der Kolonien dienen.

Blüten stehen nicht immer und überall und schon gar nicht unbegrenzt zur Verfügung. Sie sind somit für die Bienen unersetzliche Ressourcen, um deren Ausbeutung die Bienenkolonien untereinander und mit anderen Insekten konkurrieren. Um die Nase als erste in die Blüten stecken zu können, haben die Bienen höchst erstaunliche Fähigkeiten entwickelt.

Wissen ist Macht. Das gilt auch für die Bienen. Aber was müssen Bienen über Blüten wissen? Und woher haben sie ihre Kenntnisse?

Im Prinzip gibt es drei Möglichkeiten, über Wissen zu verfügen:

- Angeborene Kenntnisse sind im Erbgut verankert (Vorwissen).
- Aus eigenen Erfahrungen kann Wissen erworben werden (Lernen).
- Und, als höchste Stufe, kann Information durch Artgenossen mitgeteilt werden (Kommunikation).

Für Lernen und Kommunikation stellen die Sinnesorgane die Verbindung zur Umwelt her. Sinnesorgane sind keine passiven Fenster in die Umwelt, sondern sie können in Verbindung mit den auf die Sinnesorgane folgenden Verarbeitungsstationen im Zentralnervensystem Kategorien schaffen, die biologisch wichtig sind, aber unter Umständen in der physikalischen Realität gar nicht existieren. Ein Beispiel für diese Merkwürdigkeit, Dinge erleben zu können, die objektiv so gar nicht existieren, sind Farben. Farben gibt es außerhalb der Wahrnehmungswelt von Lebewesen nicht.

Elektromagnetische Wellen, zu denen auch das Licht gehört, bilden ein kontinuierliches Spektrum. Nur der Teil dieses Kontinuums, der Sinneszellen erregen kann, wird von einem Tier als Lichtreiz empfunden. Farben werden in der Wahrnehmungswelt geschaffen, indem unterschiedliche Sinneszellen auf unterschiedliche Bereiche des Lichtwellenspektrums ansprechen. Welche Farbkategorien sich dabei im Laufe der Evolution herausgebildet haben, hängt von den Möglichkeiten der Sinnesmaschinerie und von der Bedeutung der erzeugten Kategorien für das Überleben und die Fortpflanzung der Lebewesen ab.

Die Sinneswelt der Honigbienen ist hervorragend an die Signale, die Blüten aussenden, angepasst. Blüten heben sich optisch durch ihre Farbe vor einem grünen Blätterwald ab. Bienen können Farben sehen. Bienen haben einen höchst empfindlichen Geruchssinn entwickelt. Die Blüten duften.

Farben haben für Bienen eine angeborene Bedeutung. So fliegen naive Bienen, wenn sie die Wahl zwischen unterschiedlichen Farben haben, bevorzugt die Farben blau und gelb an. Blaue und gelbe Farben treten bei Blüten extrem häufig auf, und viele andere Blütenfarben besitzen starke Anteile in den Wellenlängenbereichen Blau und Gelb.

Sehr wichtig ist für Honigbienen die Fähigkeit, Farben durch Lernvorgänge unterschiedliche Bedeutungen zuweisen zu können. Dieser Wissenserwerb durch eigene Erfahrung spielt für die Bienen eine derart überragende Rolle, dass sie mit ihren Lernfähigkeiten unter den Insekten eine Sonderrolle spielen. Die „hohe Schule" des Informationsflusses, die Kommunikation zwischen Artgenossen, ist bei den Honigbienen ebenfalls außerordentlich hoch entwickelt.

Angeborene Kenntnisse, erlerntes Wissen und kommunizierte Information bilden als Grundlage der „Weisheit" des Bienenvolkes einen verwobenen Dreiklang. Besonders detailliert sind unsere Kenntnisse zum Thema „Wissen der Bienen über Blüten".

Um die komplexe Gesamtleistung der Bienen beim Aufsuchen und Ausbeuten von Blüten untersuchen und würdigen zu können, ist eine Aufteilung des Bienenverhaltens rund um die Blütenbesuche in funktionelle Teilschritte hilfreich.

Die Leistungen, die von den Sammelbienen zum effektiven Ausnutzen des Blütenangebotes erbracht werden müssen, sind:

- Blüten als solche erkennen
- verschiedene Blüten unterscheiden
- den Zustand der Blüten erfassen
- wissen, wie man die Blüten effektiv mit Beinen und Mundwerkzeugen bearbeitet
- die geographische Lage der Blüten in der Landschaft bestimmen
- die tageszeitlichen Fenster bestimmen, in denen unterschiedliche Blüten in ihrer Nektarproduktion ergiebig sind
- als Sender in einem Kommunikationsprozess den Nestgenossinnen die eigenen Erfahrungen mitteilen
- als Empfänger in einer solchen Kommunikation selbst solche Mitteilungen verstehen und die Blüten finden können

Die Welt besteht nicht nur aus Blüten. Ein Problem für die Bienen?

Ist es nicht selbstverständlich, dass Honigbienen erkennen, was eine Blüte ist? Dass sie dies ohne Schwierigkeiten leisten, zeigt doch die Beobachtung der Blütenbesuche durch Bienen im Freiland. Wo ist also das Problem?

Auch wir Menschen erkennen Blüten. Aber erleben Bienen die Blüten so, wie wir Menschen das tun?

An diesem Punkt der Gedankengänge kann man philosophisch werden. Niemand kann wissen, wie die Welt beschaffen ist. Wir können nur wissen, was sich durch unsere Wahrnehmung erschließt. Die Wahrnehmung vermittelt Weltenwissen, das sich im Laufe der Evolution als wichtig für das Überleben und die Fortpflanzung der betrachteten Spezies herausgestellt hat. Unsere Wahrnehmung erfolgt durch die Sinnesorgane, und die nachfolgende Aufbereitung der Sinnesmeldungen geschieht im Gehirn. Das so erzeugte subjektive Erleben lässt sich nicht einmal von Mensch zu Mensch übertragen. Wir nennen einen bestimmten Farbeindruck „vio-

4.1 Honigbienen besitzen zwei große Facettenaugen und drei kleine Punktaugen. Jedes Facettenauge erzeugt ein Bild, das aus grob gerasterten Punkten zusammengesetzt ist. Die Augen der Drohnen (hier ein Drohn beim Schlüpfen) sind größer als die der Arbeiterinnen und der Königin.

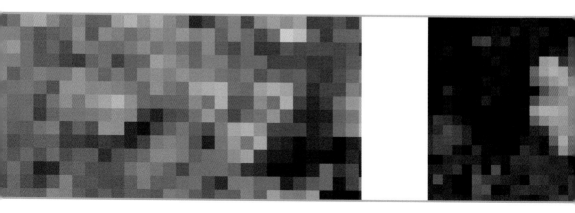

lett", weil wir das so gelernt haben, besitzen aber keine Möglichkeit, diese Farbe mit den Augen eines anderen Menschen zu sehen und somit zu prüfen, wie dessen Eindruck von „violett" ist. Wie erst soll man sich dann in den Kopf einer Biene versetzen und deren Wahrnehmungswelt nachvollziehen können?

Ein gewisser Eindruck lässt sich gewinnen, indem man die Sinneswelt der Bienen und die Leistungen ihrer Gehirne studiert. Die Kombination aus anatomischen, physiologischen und Verhaltensstudien an Bienen hat gezeigt, dass die Eigenschaften von Blüten und die Wahrnehmungsleistungen der Bienen untrennbar verknüpft sind.

Es sind vor allem zwei Sinnesbereiche, die zwischen Bienen und Blüten abgestimmt sind: die Welt des Sehens und die Welt des Riechens. Das Erscheinungsbild der Blüten wird auch für uns Menschen durch Farben und Düfte bestimmt. Es wird aber manchen erstaunen zu erfahren, dass Bienen die Blüten völlig anders erleben als wir. Der Mensch, dessen Ästhetikempfinden von Blumen angesprochen wird, ist lediglich ein „Wahrnehmungsparasit" an den durch die Bienen mitgestalteten Blüteneigenschaften.

Der Sehsinn der Bienen unterscheidet sich von dem unseren in fast allen Belangen. Jedes der beiden Facettenaugen ist aus etwa 6 000 Einzelaugen aufgebaut (Abb. 4.1). So entsteht ein aus getrennten groben Punkten zusammengesetztes Bild der Umgebung. Unser eigener Sehapparat bildet in jedem Auge durch eine einzige Linse den Gesetzen der Optik folgend ein einziges, geschlossenes Bild ab.

Als eine dramatische Folge des optischen Grobschnitts können Bienen Details von Objekten, also auch von Blüten, erst ab wenigen Zentimetern Entfernung entziffern (Abb. 4.2).

Vor dem Sehen der Details von Blüten im Nahbereich steht das Erkennen, welcher Klecks in der Landschaft überhaupt eine Blüte ist. Farben heben biologisch wichtige Pflanzenteile vom grünen Blattgrund ab. Vögel und wir Primaten können bunt gefärbte reife Früchte leicht erkennen, was wichtig für die Pflanzen zur Ver-

4.2 Eine Folge des groben Punktrasters in der Sehwelt der Bienen ist, dass optische Details erst kurz vor den Objekten, wie den Blüten, die sie anfliegen, sichtbar werden. Links: So sieht eine Biene die Blütenszenerie aus einem Meter Entfernung, Mitte: So stellen sich den Bienen die Blüten aus 30 Zentimetern dar. Rechts: Aus fünf Zentimetern Entfernung sind für die Biene Einzelheiten der Blüte erkennbar.

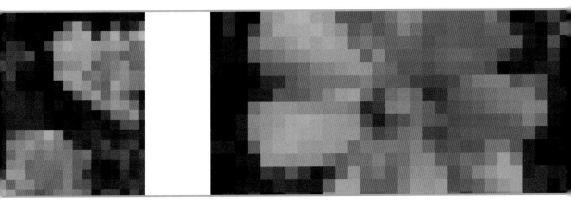

4.3 Der Regenbogen bringt es ans Licht: Wir Menschen sehen nur einen kleinen Ausschnitt der von der Sonne ausgehenden elektromagnetischen Wellen. Das Farbsehspektrum ist bei den Honigbienen gegenüber uns Menschen in den kurzwelligen Bereich des Sonnenlichtes verschoben. Rot fällt weg, dafür kommt auf der anderen Seite des Regenbogens ein Streifen Ultraviolett ins Bienenblickfeld.

breitung von Samen durch Früchteesser ist. Bevor es zur Samenverbreitung kommen kann, müssen die Blüten von Bestäubern besucht werden. Um dies zu sichern, setzen die Pflanzen den gleichen Trick wie bei den Früchten ein: die Farbe als Reklamemittel. In welcher Farbwelt leben Bienen also?

Hier soll der Vergleich mit der Fähigkeit des Menschen, Farben zu sehen, helfen.

Ein Regenbogen enthüllt es: Wir empfinden lange Lichtwellenlängen als rot, kurze als violett. Alle anderen Farben liegen dazwischen (Abb. 4.3).

Am langwelligen Ende, an dem für uns die Farbe „rot" liegt, reizt Licht die Sehzellen der Bienen nur wenig. Reflektiert ein beliebiger Gegenstand, wie eine Blüte, hauptsächlich eine Wellenlänge, die den Sehsinn nicht reizt, erscheint der Gegen-

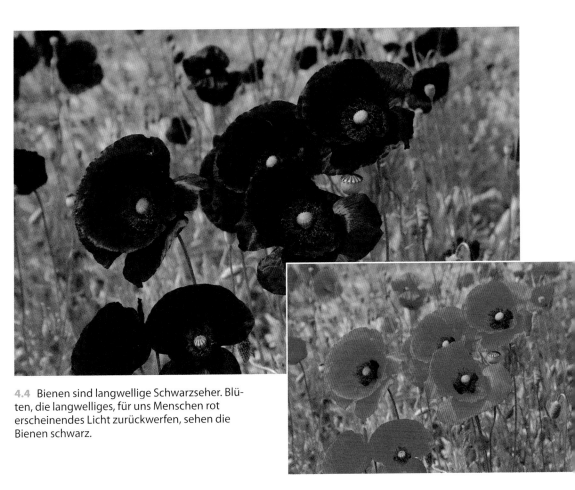

4.4 Bienen sind langwellige Schwarzseher. Blüten, die langwelliges, für uns Menschen rot erscheinendes Licht zurückwerfen, sehen die Bienen schwarz.

stand schwarz. Ein Feld, bedeckt mit roten Mohnblüten, erscheint den Bienen demnach als schwarz bekleckste Fläche (Abb. 4.4). Der Verlust der Rotempfindlichkeit ist der Preis für den Gewinn am kurzwelligen Ende des Sehspektrums: Bienen sehen ultraviolettes Licht, das wir ohne technische Hilfsmittel nicht wahrnehmen können.

Die Kronblätter vieler Blüten haben sich Flächen zugelegt, die das UV-Licht besonders stark reflektieren und somit für das Bienenauge Muster erzeugen, die uns Menschen verborgen bleiben (Abb. 4.5). Solche Muster können als Landehilfen für anfliegende Sammelbienen dienen, aber auch zur leichteren Unterscheidung unterschiedlicher Pflanzenarten eingesetzt werden.

Auch hier gilt: Die Bedeutung einer Sinnesfähigkeit eines Tieres im bedeutungs-

4.5 Viele Blüten besitzen auf ihren Kronblättern Teilflächen, die das ultraviolette Licht zurückwerfen. So entstehen für das Bienenauge optische Muster (rechts), die der menschlichen Betrachtung verborgen bleiben (links).

4.6 Rasch fliegende Bienen sind farbenblind. Sie belasten sich nicht mit der Bearbeitung von Information, die für sie in dieser Situation weniger wichtig ist. Eine bunte Blumenwiese (links) erscheint einem sich fortbewegenden Menschen verschwommen, aber noch farbig (Mitte). Bewegt sich eine Biene mit der gleichen Geschwindigkeit wie der Mensch an der Wiese entlang, ergeben sich im Vergleich zum Menschen drei wesentliche Unterschiede (rechts): 1. Das Bild wird grob gerastert. 2. Das gerasterte Bild ist scharf und nicht verschwommen. 3. Das Bild erscheint schwarzweiß und nicht farbig.

vollen biologischen Zusammenhang mit diesem Tier erklärt bestimmte Aspekte der Sinnesleistungen im Detail. Bienen nutzen das kurzwellige Sonnenlicht zur Orientierung im Flug, und Pflanzen nutzen diese optische Fähigkeit der Bienen, indem sie ihren Bestäubern als Landehilfen solche Blütensignale setzen, die das kurzwellige Licht reflektieren.

Und es wird noch komplizierter: Wie Bienen eine Farbe sehen, hängt zwar primär von der Wellenlänge des Lichtes ab, aber – und das ist für uns nur sehr schwer vorstellbar – auch von der Fluggeschwindigkeit einer Biene. Und sogar der Verhaltenszusammenhang, in dem die Biene aktiv ist, beeinflusst das Farbensehen der Tiere.

Fliegen Bienen eilig über eine Landschaft, tun sie das mit einer Reisegeschwindigkeit von etwa 30 Kilometern in der Stunde. Bei dieser Fluggeschwindigkeit ist ihr Farbensehen ausgeschaltet, sie sind dann farbenblind (Abb. 4.6 rechts).

Erst im Schleichflug, beim langsamen Umkreisen von Blüten, tauchen Farben auf. Dieses Phänomen macht biologisch Sinn. Für eine Biene im schnellen Flug

sind die Farben von Objekten eine unnötige Information. Das kleine Bienengehirn soll sich dann mit Dingen befassen, die wichtiger sind für schnelle Flüge, wie dem Erkennen von strukturellen Details der Umwelt. Wo sind Hindernisse? Wo sind Orientierungshilfen für die Wegfindung? Detailliertes Sehen vieler farbloser Objekte und Muster in rascher Folge ist den Bienen wichtiger als eine farbige, aber verschwommene Landschaft, wie wir Menschen sie in schneller Bewegung sehen.

Bienen sehen in „Zeitlupe", wie viele andere Insekten auch. Schnelle Bewegungen, die uns verwischt erscheinen, werden von den Bienen in allen Phasen scharf gesehen (Abb. 4.6 rechts). Rasche Handbewegungen, wie sie ängstliche Menschen zur Vertreibung von Bienen und Wespen machen, bieten somit bestens erkennbare Angriffsziele. Stiche in die Umgebung des menschlichen Mundes werden vor allem durch die Lippenbewegungen beim Sprechen geleitet.

Seltsam ist, dass sogar das Flugziel eine Wirkung auf die Fähigkeit der Bienen hat, Farben zu unterscheiden. Die Flüge vom

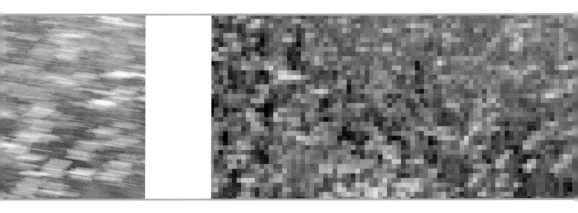

Nest zum Futterplatz und vom Futterplatz zurück zum Nest sind für die Bienen offenbar dramatisch unterschiedliche Situationen und nicht einfach nur eine Richtungsumkehr. Beim Anflug von Blüten zeigen Bienen ein hervorragendes Farbunterscheidungsvermögen. Haben sie aber ihre Blütenbesuche beendet und begeben sich mit vollem Honigmagen auf den Rückflug zur Kolonie, spielen Farben eine deutlich geringere Rolle. So lassen sich Bienen nur sehr schwer auf Farben dressieren, die sie beim Abflug von einem Futterplatz zu sehen bekommen. Folgerichtig haben Bienen selbst bei langsamer Fluggeschwindigkeit Probleme, auf dem Nachhauseflug Farben zu unterscheiden. Unbeeinflusst vom Flugziel ist dagegen die ausgeprägte Fähigkeit der Bienen, optische Muster zu erkennen und auseinander zu halten. Farbig gestrichene Bienenstöcke sind ästhetisch schön für einen menschlichen Be-

trachter (Abb. 4.7). Testet man Bienen daraufhin, wie gut sie die Farben von Bienenstöcken unterscheiden können, zeigen sich massive Defizite. Lediglich die Farbe Blau erkennen und bevorzugen sie gegenüber jeder sonstigen Farbe, doch andere Farbalternativen können sie nicht leicht unterscheiden – ganz anders als am Futterplatz, wo sie noch feinste Farbunterschiede auseinanderhalten können. Gleichmäßige Farbflächen, wie sie Imker oft als Orientierungshilfen für die heimkehrenden Bienen einsetzen, sind weniger nützlich als Stockmarkierungen in Form von Mustern, wie waagrechten oder senkrechten Streifen, die den Bienen besser helfen, das richtige Nest zu finden. Durch farbige Bilder besonders ansprechend gestaltete Eingangsbereiche von Bienenstöcken – eine klassische Verzierung von Bienenstöcken in vielen Regionen – sind optimal für Biene und Mensch, da sie den Bienen leicht unterscheidbare und erlernbare Muster bieten und dem menschlichen Betrachter zugleich kleine Kunstwerke präsentieren (Abb. 4.7).

4.7 Bauten, deren Vorderseiten mit bunten Bildern ausgeschmückt sind (oben), geben den Bienen eine bessere Orientierungshilfe als einfarbige Flächen (rechts).

Der Verhaltenszusammenhang – hier ausgedrückt durch die diametral unterschiedlich motivierte Situation der Bienen beim Flug zur Zielblüte oder zum Zielnest – bestimmt also die Erlebniswelt der Bienen.

Das Sehen von raschen Bildfolgen ist für Bienen nicht nur wichtig, wenn sie selbst schnell eine Landschaft durchfliegen, sondern auch, wenn es darum geht, andere rasch fliegende Bienen zu erkennen, denen sie dann im Flug folgen können. Das gilt zum Beispiel für das Fortpflanzungsverhalten, wenn Bienen eine Königin auf Hochzeitsflug erkennen und verfolgen oder begleiten, oder aber, wie in Kapitel 7 ausgeführt wird, wenn Arbeitsbienen im Flug Drohnen verfolgen. Gleiches trifft für das Schwarmverhalten zu, wenn die Bienen im Verband der neuen Behausung zufliegen, oder für Anflüge von Minischwärmen aus neu rekrutierten Sammlerinnen und ortskundigen Bienen an Futterplätze.

Blüten sind ortsfest. Es ist deshalb überraschend, dass das ausgeprägte Erkennen von Bewegung eine Fähigkeit der Bienen ist, die von den Blüten ebenfalls zu ihrem Vorteil eingesetzt wird. So wie die Bienenkolonien um den Zugang zu Blüten kon-

4.8 Miniblüten auf dünnen Stängeln werden bereits durch leichteste Brisen bewegt, sprechen das Bewegungssehen der Bienen an und sind damit trotz Kleinheit und farblicher Bescheidenheit auffällig.

kurrieren, konkurrieren die Blüten unterschiedlicher Pflanzenarten um die Besuche durch die Bienen. Je größer und farbiger die Blüten sind, desto auffälliger sollten sie für die Bienen sein und so die Besucher stärker anlocken als die unscheinbarere Konkurrenz. Wie schaffen es aber unter diesen Umständen auch Pflanzen mit kleinen Blüten, Besucher anzulocken? Kleine Blüten sind für die Bienen dann besonders gut erkennbar, wenn sie auf dünnen, leicht beweglichen Stielen stehen. Leichteste Brisen bewegen diese Blüten und machen sie somit für die Bienen sehr auffällig (Abb. 4.8).

Blüten erscheinen uns nicht nur farbig, sondern zeichnen sich sehr häufig durch auch für uns wahrnehmbare, ausgeprägte Düfte aus. Die wichtigste Zielgruppe dieser Blütenreklame sind wiederum die Honigbienen. Die „Nase" der Bienen sitzt in Form tausender einzelner Sinneszellen auf den Fühlern. Das Rasterelektronenmikroskop enthüllt die Vielfalt der sensorischen Strukturen (Abb. 4.9).

Im Gegensatz zum optischen Erscheinungsbild der Blüten, das sich den Bienen erst aus der Nähe und im Langsamflug erschließt, können Düfte Bienen aus sehr großen Entfernungen anlocken. In ruhender

4.9 Die beiden Fühler der Honigbiene sind voll gepackt mit den unterschiedlichsten Sinnestypen. Tastsinn, Temperatursinn, die Wahrnehmung von Luftfeuchte und vor allem von Düften haben hier ihren Sitz. Die unterschiedliche Erscheinungsform der tausenden Sensillen spiegelt diese Wahrnehmungsvielfalt wider. Wird ein Bild der Antennenoberfläche wie hier 400-fach vergrößert, lassen sich die verschiedenen Formen der Sinnesorgane gut unterscheiden.

Luft verbreiten sich Düfte diffus und helfen zur Orientierung wenig. Bewegt sich aber die Luft und transportiert so die Duftmoleküle, dann bekommt die Luftbewegung eine (duft-)tragende Rolle als Leitstrahl zu einem duftenden Ziel. Wartet man an einer Blüte auf die Ankunft einer Biene, so beobachtet man grundsätzlich Landungen gegen die Windrichtung. Und das hat nichts mit dem alten Fliegertrick zu tun, den Gegenwind zur Flugstabilisierung im Langsamflug zu nutzen, sondern die nektarsuchenden Bienen schnüffeln sich so den Blüten entgegen. Kennen Sammelbienen den Duft von Futterquellen, aber nicht deren Lage in der Landschaft, treffen sie extrem rasch am Ziel ein, wenn eine Luftströmung von den Blüten zum Bienennest zieht. Im anderen Falle sieht man sie im Flug herumkreuzen, bis sie auf eine Strömung mit dem Zielduft stoßen, der sie dann den Blüten entgegen folgen können.

Eine Blüte ist eine Blüte ist eine Blüte, oder?

Blüten können die Eigenschaften „optisches Erscheinungsbild" und „Duft" im Prinzip beliebig kombinieren. Farbe, Form und Duft ergänzen sich und ergeben so die arttypischen Blüten-„Gestalten", die die Biene erkennen und von anderen Blütengestalten unterscheiden soll. Eine solche Unterscheidungsfähigkeit ist Voraussetzung für ein für Bienen wie für Blüten höchst wichtiges Phänomen, die Blütenkonstanz der Sammelbienen. Sammelbienen besuchen nicht einfach wahllos jede Blüte, auf die sie treffen, so wie andere Blütenbesucher, z. B. Schmetterlinge oder Fliegen, sondern sammeln am jeweiligen Arbeitstag bevorzugt an der Blütenpflanze, mit der sie ihr Tagwerk begonnen haben (Abb. 4.10).

Für die Pflanzen hat diese Blütenkonstanz den enormen Vorteil, dass der Pollen nicht auf ungeeigneten Narben artfremder Blüten landet und somit verschwendet wird. Für die Bienen schafft die Blütenkonstanz die Möglichkeit, den Umgang mit dem jeweils besuchten Blütentyp zu üben, um rasch an den begehrten Nektar zu gelangen.

Da Farbe, Form und Duft prinzipiell frei kombinierbare Eigenschaften sind und unendlich viele Kombinationen auftreten können, reicht die Speichermöglichkeit im Erbgut nicht, um den Bienen das Erscheinungsbild der vielen Blütenformen als genetisch verankertes Vorwissen mitzugeben. Der Ausweg, den die Natur beschritten hat, besteht darin, den Bienen genetisch bedingt ein hohes Lernvermögen mitzugeben, das eingesetzt wird, um die Details der aus optischen und Duftkomponenten zusammengesetzten Blütengestalten zu erlernen.

In ihrem Lernverhalten zeigen die Honigbienen Spitzenleistungen. Dabei genügt der Biene bereits ein einziger Kontakt mit einem bestimmten Duft, um diesen Duft in ihrem Gedächtnis zu speichern und ihn anschließend aus anderen Düften mit 90-prozentiger Sicherheit herausfinden zu können. Das gilt sowohl für chemisch reine Düfte als auch für Düfte, die aus vielen Bestandteilen zusammengesetzt sind. Nach zwei oder drei positiven Erfahrungen mit diesen Düften sind die Bienen in ihrer Duftwahl absolut fehlerfrei. Diese kaum zu steigernde Lernleistung belegt die überragende Bedeutung von Düften für die Wahrnehmungswelt der Honigbienen.

Das Erlernen von Formen und Farben geht nicht ganz so rasch, folgt aber mit drei bis fünf notwendigen Trainingsläufen an nächster Stelle in der Liste dessen, was Bienen lernen können.

Lernvermögen und die Fähigkeit, Düfte und optische Reize zu unterscheiden, sind bei den Honigbienen derart ausgeprägt, dass in experimentellen Situationen (Abb. 4.11) bei diesen Insekten kognitive Fähigkeiten aufgedeckt werden konnten, die denen von niederen Wirbeltieren in nichts

4.10 Die Blütenstetigkeit oder Blütenkonstanz lässt Bienen für längere Zeit den gleichen Blütentyp besuchen, während andere ebenfalls sehr lohnende direkt benachbarte Ziele unbeachtet bleiben. In dem hier gezeigten Habitat stehen blaue Wegwarten und gelbe Habichtskräuter gemischt. Die Bienen, die früh als erstes an gelben Blumen ihre Sammeltour begonnen haben, ignorieren die benachbarten blauen Blüten (oben), die an blauen Blüten begonnen haben, lassen die gelben „links liegen" (unten).

4.11 Verhaltensversuch zum Testen von kognitiven Fähigkeiten der Bienen. Wählen die Bienen das richtige Muster, auf das sie trainiert worden sind, finden sie hinter der markierten Wand eine Futterschale als Belohnung.

nachstehen. Sogar abstrakte „intellektuelle" Leistungen, deren biologische Bedeutung noch eher unklar ist, ließen sich nachweisen: Bienen können die Orientierung bestimmter Muster im Raum erkennen, unabhängig von ihrer eigenen, im Flug stark schwankenden Körperhaltung. Und es geht noch weiter: Bestimmte antrainierte Verhaltensweisen der Bienen können nur so gedeutet werden, dass es für sie abstrakte Begriffspaare wie „rechts" und „links", „symmetrisch" und „asymmetrisch" sowie „gleich" und „ungleich" gibt. Bienen können sogar „mehr" von „weni-

ger" unterscheiden – wenn man so will eine einfache Art des Zählens. Bienen sind in der Lage, aus Erfahrungen bestimmte Verhaltensregeln zu abstrahieren und diese Regeln sogar auf vollkommen neue Situationen anzuwenden. So erlernen sie sehr rasch, welchen Zeichen sie folgen müssen, um sich selbst in ihnen vollkommen unbekannten Labyrinthen zurechtzufinden, wenn diese Labyrinthe mit entsprechenden Zeichen ausgestattet worden sind.

Und es kommt noch besser: Honigbienen lernen rasch, unterschiedliche Orte und unterschiedliche Zeiten mit bestimmten Entscheidungen zu verbinden. Da die Blüten an unterschiedlichen Orten zu verschiedenen Tageszeiten unterschiedliche Mengen an Nektar produzieren, ist eine Vorausplanung des Bienenarbeitsprogramms höchst hilfreich, um einen Sammelausflug möglichst gewinnbringend gestalten zu können. Die Resultate entsprechender Untersuchungen zeigen tatsächlich, dass Honigbienen in der Lage sind, ein vorher festgelegtes Tagesprogramm abzuarbeiten und zur rechten Zeit am rechten Ort das Richtige zu tun (siehe auch Abb. 4.14 und 4.15).

Das ist echte „Bienenintelligenz".

Ist der Blütentisch gedeckt?

Beobachtet man Sammelbienen, die auf Nektar- oder Pollensuche Blütenbestände abfliegen, ist auffallend, dass sie nicht in jeder Blüte nach Nektar suchen, sondern einzelne Blüten übergehen, indem sie an ihnen vorbeifliegen. Dahinter stecken angeborene optimierte Suchstrategien, nach denen ein zeit- und energiesparender Sammelplan abgearbeitet wird und es nicht immer der sinnvollste Weg ist, jeden nächsten Blütennachbarn aufzusuchen. Die Aufgabe, eine optimale Reihenfolge der

Blütenbesuche zu finden, ist der berühmten Strategiespielaufgabe vergleichbar, den effektivsten Weg eines Handlungsreisenden für dessen Kundenbesuche zu entwerfen. Hinzu kommen aber noch Botschaften, die von vorangegangenen Blütenbesuchern hinterlassen werden und die auf Neuankömmlinge abschreckend wirken. Da im Einzugsbereich einer Bienenkolonie viele Sammelbienen unterwegs sind, um Blüten zu besuchen und auszubeuten, und die Blüten Zeit benötigen, um die weggeschlürften Nektarvorräte wieder aufzufüllen, markieren Sammelbienen nach dem letzten Nektartropfen die Blüte mit einem chemischen „derzeit geleert"-Zeichen. Dieses chemische Signal verblasst so rasch, wie die Blüte ihre Tankstelle wieder nachfüllen kann. Bienen, die solche Blüten umfliegen, erhalten diese Botschaft bereits vor der Landung und müssen so keine unnötige Zeit mit Nektarsuche in leeren Blüten verschwenden.

Das Mundwerk will trainiert sein

Die Vielfalt an Formen, die Blüten zu bieten haben, stellt für die Bienen ein praktisches Problem dar. Jede Blütengestalt

4.12 Die unerschöpfliche Vielfalt an Blütenformen stellt ein praktisches Problem für die Sammelbienen dar, wenn der Zeit- und Energieaufwand für die Ausbeutung der Blüten optimiert werden soll.

bietet den Bienen eigene „fuß- und mundwerkliche" Herausforderungen auf dem Weg zum Nektar (Abb. 4.12). Blüteneigene Hindernisse müssen beiseite geschoben werden, und die Nektardrüsen liegen bei verschiedenen Blüten an unterschiedlichen Stellen. Den zeit- und energiesparendsten Zugang zu den Nektartropfen und auch die beste Strategie, den Pollen leicht einzu-sammeln, finden die Bienen durch Versuch und Irrtum heraus.

Ein regelmäßiges Training am gleichen Blütentyp aufgrund der Blütenkonstanz beim Sammelverhalten optimiert den Zeit- und Energieaufwand, um an den Nektar zu gelangen, und steigert so ihre Leistung bei der Ausbeutung der Blüten.

Wo bin ich, wo will ich hin?

Der Superorganismus Honigbienenkolonie ist ortsgebunden, er führt somit ein sesshaftes Leben und verfügt über eine „feste Adresse". Das ist kein Problem, solange man zu Hause bleibt. Den überwältigenden Teil ihres Lebens verlassen die Bienen ihre autarke Nestwelt nicht. Ein Zustrom von Materie und Energie muss aber gewährleistet sein. Deshalb haben Sammelbienen keine Wahl, sie müssen auf der Suche nach Blüten hinaus ins feindliche Leben. Von ihren Ausflügen müssen sie wieder zurück zur Kolonie finden. Und haben sie eine ergiebige Ansammlung an Blüten entdeckt, sollten sie diese für weitere Anflüge erneut auffinden können.

Zur Orientierung außerhalb des Nestes nutzen Bienen erdgebundene und himmelsplatzierte Hilfen. An erdgebundenen Hilfen hangeln sie sich von Teilstrecke zu Teilstrecke ihrem Ziel entgegen. Dazu nutzen sie Bäume, Büsche und andere auffallende Landmarken. Auch hier kommen dem Sehsinn und dem Geruchssinn wiederum überragende Bedeutungen zu. Diese Methode der Wegfindung setzt aber voraus, dass die Biene sich in bekanntem Gelände befindet, wo sie sich zuvor die Lage entsprechender Hilfsstrukturen ein-

geprägt hat. Dazu unternehmen Bienen zur Vorbereitung ihres Sammellebens Orientierungsflüge in die Umgebung des Stockes, auf denen sie das Erscheinungsbild der Umgebung kennen lernen. Bei aufeinander folgenden Orientierungsflügen, die zunächst nie länger als wenige Minuten dauern, verlassen sie den Stock in jeweils anderer Richtung und kartieren so die Umgebung des Nestes, wobei der Stock im Zentrum ihres sternförmigen Flugspurbildes liegt. Um ihnen die Heimfindung zu erleichtern, stehen gelegentlich alte Bienen vor dem Stockeingang, öffnen ihre Nasanovdrüse am Ende des Hinterleibes und entlassen einen Duftstoff mit Namen Geraniol, eine chemische Verbindung, deren Duft an die Pflanze *Geranium* erinnert. Das Geraniol verteilen sie dann durch Flügelschwirren in die Umgebung (Abb. 4.13).

Fliegen Bienen auch über große Distanzen Futterstellen an, prägen sie sich Objekte auf dem Flug zwischen den Zielen und dem Stock ein.

Um sich in unbekanntem Gelände gezielt fortzubewegen, ist ein Kompass extrem hilfreich. Diesen bietet den Bienen ein himmlischer Wegweiser: die Sonne. Bienen können sich nach dem Stand der Sonne richten. Ist sie nicht zu sehen, hilft das Polarisationsmuster des Himmels. Dabei wird die physikalische Erscheinung durch die Erdatmosphäre ausgenutzt, dass das Licht, das in ungeordnetem Schwingungszustand von der Sonne ausgeht durch die Erdatmosphäre polarisiert wird. Das Firmament bekommt dadurch eine optische Struktur, die mit geeigneten Hilfsmitteln erkennbar wird. Ein solches Hilfsmittel findet sich in der Anatomie des Bienenauges. Bienen können somit polari-

4.13 Rückkehrende Jungbienen bekommen Landehilfen durch alte Stockbienen, die aus ihrer Nasanov-drüse am Hinterleibsende eine lockende Duftfahne wehen lassen und durch Flügelschwirren verteilen.

siertes von nichtpolarisiertem Licht unterscheiden. Das so wahrgenommene Himmelsmuster aus unterschiedlich ausgerichtetem und verschieden stark polarisiertem Licht ist aber störanfällig durch Einflüsse der Atmosphäre sowie durch die Dichte der Luft, die sich mit der Temperatur und der Luftfeuchte verändert. Eine Orientierungshilfe sollte aber zuverlässig und wenig störanfällig sein. Das Himmelsmuster aus polarisiertem Licht ist umso stabiler und damit als Orientierungshilfe umso besser geeignet, je kurzwelliger das polarisierte Licht ist. Das kurzwelligste Licht, das Bienen sehen können, ist das ultraviolette Licht. Da die Orientierung und das Zurückfinden zur Kolonie für Sammelbie-

nen höchst wichtig sind, haben Bienen wohl unter diesem evolutiven Druck die Fähigkeit entwickelt, UV-Licht wahrzunehmen. An diese Fähigkeit der Bienen – ursprünglich entwickelt, um das Polarisationsmuster des Himmels zu erkennen – haben sich die Blüten dann mit der Ausbildung UV-reflektierender Muster auf ihren Blütenblättern „angehängt". Sie bieten den Bienen optische Landehilfen auf den Blüten und ermöglichen ihnen außerdem, zwischen den Blüten verschiedener Arten zu unterscheiden. Diese Unterscheidungsmöglichkeit ist auch aus Sicht der Pflanzen wichtig, um durch die Bienen den richtigen Pollen in die richtige Blüte zu lenken.

Zeitzeichen

4.14 Eine Sammelbiene ist an der Blüte, die sie schon am vorigen Tag erfolgreich aufgesucht hatte, bereits vor deren Öffnungszeit eingetroffen.

Die Nutzung himmlischer Zeichen in Form des Sonnenstandes und des Polarisationsmusters des Himmelslichtes zur Orientierung führt zu der Notwendigkeit, die gleichförmige erddrehungsbedingte Änderung dieser Wegweiser zu berücksichtigen. Bienen besitzen einen Zeitsinn, der es ihnen erlaubt, dieses Weiterwandern ihres Kompasses in ihre Orientierung einzubeziehen, wobei selbst stundenlange Pausen zwischen aufeinander folgenden Ausflügen liegen können. Die Bienen „berechnen" dann, trotz neu positionierter Orientierungshilfe, die alte Richtung. Diese Tatsache hat Karl von Frisch (1886–1982) die entscheidende Einsicht in die Natur der Tanzkommunikation gegeben: Sammelbienen, die den ganzen Tag lang den gleichen Futterplatz anflogen, tanzten vormittags in einer anderen Richtung als nachmittags. Zeitabhängig hatte sich der Stand der Sonne verändert. Von Frisch schloss daraus, dass also die Sonne als Orientierungshilfe benutzt worden sein musste.

Der Zeitsinn ermöglicht es auch, begrenzte Öffnungszeiten bestimmter Blüten zu beachten.

Um die Konkurrenz um Bienenbesuche zu verringern, können sich Pflanzen „aus dem Weg gehen", indem sie die Bezahlung für die Bienen zu unterschiedlichen Tageszeiten anbieten. Blumenfreunde wissen, dass es bestimmte Blüten gibt, deren Nektarproduktion auf bestimmte Tageszeiten begrenzt ist. So lässt sich sogar ein Blumenbeet wie das Zifferblatt einer Uhr anlegen. Diesen Zeitplan können Bienen lernen. Sie rücken dann diesem Blütenzifferblatt nach und sind so zur rechten Zeit am frisch gedeckten Tisch (Abb. 4.14). Da in der Regel an den Orten, die von den Bienen aufgesucht werden, viele Blütentypen gemischt stehen, lernen die Bienen nicht nur, zu welchen Zeiten sie an welchen Orten sein müssen, um Nektar zu finden, sondern auch, an welchen unterschiedlichen Blüten sie zur jeweiligen Zeit am jeweiligen Ort suchen müssen. Sie wissen genau, wann und wo was zu tun ist.

Sie finden aber auch rasch heraus, wann es sich nicht mehr lohnt, eine Futterquelle anzufliegen (Abb. 4.15).

Besucht eine Sammelbiene bei gutem Flugwetter eine bis dahin sprudelnde Futterquelle und findet sie dort nichts mehr vor, vergisst sie dieses Ziel sehr rasch, es wird aus dem Gedächtnis gestrichen und nicht mehr aufgesucht. Sind andererseits

4.15 Ist eine Blume abgeblüht, verliert sie auch rasch ihre Attraktivität für die Honigbienen.

die Witterungsbedingungen so schlecht, dass die Sammelbienen den Stock nicht verlassen können, behalten sie die Lage der zuletzt besuchten guten Futterstellen bis zu einer Woche im Gedächtnis. Sie können dann direkt dort anknüpfen, wo sie vor dem Schlechtwettereinbruch aufgehört haben. Lernen und Vergessen sind bestens auf die jeweilige biologische Situation angepasst.

Wie Bienen über Blüten sprechen

Vor dem Ausbeuten von Blüten steht das Entdecken solcher Schätze. Ein kleiner Prozentsatz der älteren Bienen sucht als „Scout"-Bienen die Gegend nach neuen Blütenschätzen ab. Behalten wir die Umgebung solcher Blüten, die die Aufmerksamkeit dieser „Pfadfinderbienen" auf sich gezogen haben, im Blick, stellen wir fest, dass wenige Minuten bis zu einer halben Stunde nach deren Entdeckung mehr und mehr Bienen dort eintreffen. Dieses Anwachsen der Besucherzahl erfolgt viel zu rasch, als dass jede der dort eintreffenden Bienen die Blüten ganz alleine für sich und ganz zufällig entdeckt

haben könnte. Tatsächlich wurden die neu eintreffenden Bienen über die Entdeckung im Bienennest informiert und, indem sie dieser Information folgen, als Sammelhelfer rekrutiert.

Die Kommunikation, die sich dabei zwischen den „wissenden" und „unwissenden" Bienen abspielt, ist höchst komplex und noch immer nicht befriedigend verstanden. Sie besteht aus einer Kette von Verhaltensweisen, die sich im Stock und im Feld abspielen. *Ein* Glied in dieser Kette ist die so genannte „Tanzsprache", die Karl von Frisch entdeckt hat und die zu den am intensivsten studierten und am besten bekannten Kommunikationsformen von Tieren gehört.

Hat eine Biene einen blühenden Kirschbaum entdeckt, kehrt sie mit etwas Nektar zum Stock zurück. Nach dem Abladen des Nektars an Abnehmerbienen verlässt sie den Stock wieder, um zum gleichen Kirschbaum zurückzufliegen. Dies spielt sich mehrmals hintereinander ab, wobei sie den Weg vom Stock zum Futterplatz und den Rückweg zum Stock immer rascher zurücklegt. Man kann vermuten, dass dieser Zeitgewinn aus einer immer kürzeren Flugstrecke resultiert, die wiederum durch eine sukzessive Begradigung der Flugstrecke zustande kommt. Hat sie die schnellste Strecke gefunden, was bis zu zehn Ausflüge erfordern kann, beginnt die Biene im Stock zu tanzen.

Karl von Frisch hat entdeckt, dass die Bienen bei Futterstellen, die weniger als etwa 50–70 Meter vom Stock entfernt liegen, einen Rundtanz aufführen (Abb. 4.16).

Ein Rundtanz enthält nur wenig Information über die Futterstelle. Es wird lediglich ein Hinweis gegeben, wonach gesucht werden muss, und es ist klar, dass sich diese

Tracht ganz in der Nähe des Nestes befindet. Eine Biene, die vom Kirschblütenbesuch zurückkehrt, duftet nach Kirsche. Ein Kirschbaum lässt sich nach ein paar Flugrunden um den Stock leicht finden.

Liegen die Futterstellen in größerer Distanz, ist ein Hinweis auf die Lage der Nahrungsquelle sehr hilfreich und spart langwierige Suchflüge, wie sie im Nahbereich ohne großen Aufwand möglich sind. Diesen Hinweis gibt die Biene, die Helferinnen engagieren will, mit dem Schwänzeltanz. Bestimmte Aspekte der Tanzfigur korrelieren dabei mit der Lage der besuchten Futterstelle in der Landschaft, so dass ein Beobachter ablesen kann, wo in etwa diese Futterstelle lokalisiert ist.

Der Bewegungsablauf einer schwänzeltanzenden Biene ist derart intensiv und regulär, dass ihm in der Verhaltensforschung viel Aufmerksamkeit zuteil wurde. Moderne technische Möglichkeiten, wie Zeitlupenmakrovideoaufzeichnungen, bringen erstaunliche Details ans Licht: Der Schwänzeltanz bezieht seine Bezeichnung aus dem Teil des Tanzverhaltens, in dem die Biene ihren Körper etwa 15 Mal pro Sekunde abwechselnd nach beiden Seiten wirft. Im Anschluss daran läuft die Biene in einem Bogen an den Ausgangspunkt der Schwänzelbewegung, wiederholt das Schwänzeln und läuft auf der anderen Seite wieder zum Ausgangspunkt (Abb. 4.17).

Ein kompletter Tanzzyklus dauert nur wenige Sekunden und spielt sich auf einer Fläche mit etwa 2–4 Zentimetern Durchmesser ab. Es darf also nicht erstaunen, dass bei einer derart raschen und kleinräumigen Bewegung erst die Zeitlupenfilmaufzeichnung Einzelheiten aufgedeckt hat, die dem unbewaffneten Auge verborgen waren. So ließ sich erkennen, dass der „Schwänzellauf" eine optische Illusion ist, bedingt durch die rasche Körperschwingung und das gut sichtbare Vorwärtsschieben des Körpers. Tatsächlich zeigt die Biene eher einen „Schwänzelstand" als einen „Schwänzellauf". In dieser Schwänzelphase bleibt sie mit ihren sechs Füßen so lange wie möglich fest am Untergrund verankert und schiebt ihren Körper über den stehenden Füßen vorwärts. Einzelne Beine können dabei kurz angehoben werden, wenn ein neuer stabiler Halt gesucht wird oder wenn aufgrund einer maximalen Beinstreckung bei andauernder Vorwärtsbewegung des Rumpfes der eine oder der andere Fuß vorgesetzt werden muss (Abb. 4.18).

Bienentänze finden nahezu ausschließlich in einem kleinen Areal in der Nähe des

4.16 (folgende Doppelseite links oben) Hat eine Sammelbiene eine Futterstelle in der Nähe des Nestes entdeckt, führt sie einen Rundtanz auf.

4.17 (folgende Doppelseite links unten) Hat eine Biene entfernt vom Stock eine Futterquelle entdeckt, führt sie auf dem Tanzboden im Nest einen Schwänzeltanz auf.

4.18 (folgende Doppelseite rechts oben) Die Kommunikationstechnik der Bienen verlangt, dass die Beine der Tänzerin so lange und so fest wie möglich am Tanzboden verankert bleiben. Um das zu erreichen, zeigt die Tänzerin einen „Schwänzelstand", keinen „Schwänzellauf". Die sechs Füße (hier markiert durch weiße Punkte) halten so lange, wie es mechanisch machbar ist, Kontakt mit den Zellrändern, während der schwänzelnde Körper über den ruhenden Füssen vorwärts geschoben wird (Pfeilrichtung).

4.19 (folgende Doppelseite rechts unten) Nachtänzerinnen können einer Tänzerin nur dann über viele Runden folgen und die Botschaft über die Lage des Zieles aufnehmen, wenn ihre Bewegungen stereotyp und exakt auf die Bewegung der Tänzerin abgestimmt sind.

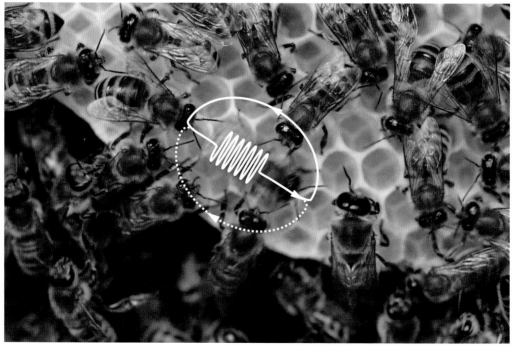

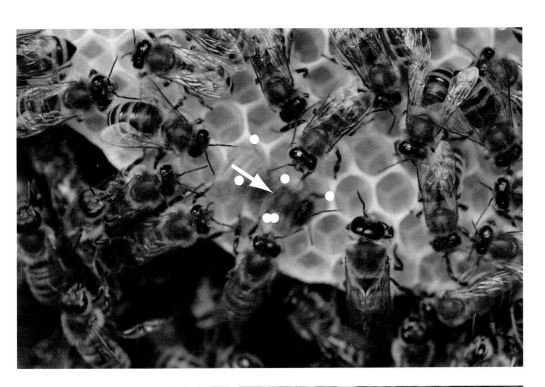

Flugloches statt. Auf diesem Tanzboden treffen sich die Tänzerinnen mit Sammelbienen, die an den Botschaften interessiert sind. Dieser „Marktplatz" für Nachrichten wird offenbar von den Bienen chemisch erkannt. Schneidet man ihn aus und verlagert ihn im Stock, dann suchen die tanzwilligen Bienen so lange, bis sie ihn gefunden haben, bevor sie dann am neuen Ort auf dem umgesetzten Tanzplatz ihre Tänze fortsetzen.

Tänzerin und Nachtänzerinnen, von denen bis zu zehn um eine Tänzerin Platz finden, führen ein Ballett auf, bei dem alle Bewegungen der beteiligten Partner genau abgestimmt sind (Abb. 4.19).

Wie die Bewegungen der Tänzerin folgt auch die Choreographie der Nachtänzerinnen einem exakten Programm. Das Setzen der Fußfolge, die Körperbiegungen und die gesamte Körperdrehung erfolgen stereotyp. Diese Stereotypie der Nachtänzerchoreographie ist ebenfalls erst durch die Zeitlupenanalyse aufgedeckt worden. Nur solche Tänzerinnen, die alle Details der Bewegungsfolge richtig machen, so auch jedes Mal um den Kopf der Tänzerin herum auf die Innenseite des nächsten Halbkreislaufes wechseln, können für mehrere aufeinanderfolgende Tanzrunden „im Takt" bleiben.

Die Schwänzeltanzfigur enthält Bewegungsteile, die mit der Lage und weiteren Gegebenheiten der Futterstelle zusammenhängen. Wie lässt sich ein Weg zu einem Zielort beschreiben? Die Schilderung des Weges kann aus einer Summe von detaillierten Teilabschnittsschilderungen aufgebaut werden: Gehen Sie einhundert Meter die Bahnhofstraße entlang bis zur ersten Ampel, dort nach links bis zur zweiten Querstraße, dieser nach rechts folgen bis zur Gaststätte „Zur Honigbiene". Dann die erste Straße nach der Gaststätte wiederum nach rechts und nach etwa 200 Metern kommt dann die Post auf der rechten Straßenseite.

Eine derart komplexe Wegschilderung, kein Problem für uns Menschen, übersteigt deutlich die Möglichkeiten eines kleinen

4.20 Die Richtung zwischen dem Nest der Bienen und der Futterquelle legen die Bienen anhand eines Sonnenkompasses fest. So entsteht ein Vektorpfeil, der vom Stock zum Futterplatz zeigt und dessen Richtung sich auf den Sonnenstand beziehen lässt.

Bienengehirns. Eine komplizierte Wegbeschreibung zum Ziel ist aber auch nicht notwendig, da sich eine Biene fliegend und somit geradlinig auf ein Ziel zu bewegen kann. Dieser kürzeste aller möglichen Wege, die geradlinige Verbindung, lässt sich durch einen einzigen Vektor angeben, einen Pfeil, der die direkte Richtung zum Ziel und die Weglänge dorthin enthält (Abb. 4.20).

Wenn man wie Bienen fliegen kann, lässt sich diese Vektorbotschaft ganz direkt umsetzen. Beim geduldigen und stundenlangen Betrachten von Schwänzeltänzen war Karl von Frisch aufgefallen, dass sich die Ausrichtung der Schwänzelphase auf der Wabe im Tagesverlauf kontinuier-

lich verschob, obwohl die ganze Zeit über stets die selben Bienen vom selben Stock denselben Futterplatz aufsuchten. Das Einzige, was sich wie die Ausrichtung der Tänze stetig veränderte, war die Wanderung der Sonne am Firmament. Von Frisch erkannte, dass die systematische Veränderung im Tanzbild mit der Veränderung des Sonnenstandes im Tagesverlauf zusammenhing. So kam von Frischs Beobachtung einer Richtungsangabe durch die Tänzerin zustande.

Absolute Richtungen gibt es nicht. Es muss in jedem Falle eine Bezugsrichtung angegeben werden. Draußen im offenen Gelände bilden die Position der Sonne oder Aspekte des Polarisationsmusters des Himmels diese Bezugsgröße. Im dunklen Stock finden die Tänze auf den senkrecht hängenden Waben statt. So lässt sich die nach unten weisende Richtung der Schwerkraft als Bezugsgröße nutzen.

Die Bienen sehen beim Flug die aktuelle Position der Sonne und übersetzen den Winkel, der sich zwischen der Linie Nestposition-Sonnenposition und der Linie Nestposition-Kirschbaumposition ergibt, in der Tanzfigur in den geschilderten Winkel (Abb. 4.21). Bei bedecktem Himmel gibt ihnen das Polarisationsmuster am Himmel einen Hinweis auf die Sonnenposition.

4.21 Die Tanzfigur eines Schwänzeltanzes enthält die Angaben über Richtung und Entfernung vom Stock zur Futterquelle, wie sie von der Sammelbiene beim Flug durch die Landschaft aufgenommen worden ist. Die Richtungsinformation, die im Flug in Bezug auf die Sonne aufgenommen wird, bezieht sich im dunklen Stock auf die Richtung der Schwerkraft (Pfeil).

Diese Art der Richtungskodierung im Schwänzeltanz konnte nur unter der Bedingung entstehen, dass im dunklen Nest eine zuverlässige Größe vorhanden ist, auf die sich die Richtungsmeldung beziehen kann. Die präzise Kodierung der Richtung des Zieles ist im dunklen Nest nur möglich, weil die Waben exakt senkrecht hängen und Bezugsflächen bilden, deren Ausrichtung der Schwerkraft folgt und die somit als zuverlässige Bezugsgröße für die Richtungsangabe genutzt werden können. Ohne senkrecht hängende Waben wäre diese Kommunikationsform nicht entstanden. Und es gilt: Staatenbildende Insekten ohne senkrechte Flächen in ihren Nestern können keine Tanzsprache entwickeln, die einen im Flug gesehenen Winkel in einen im dunklen Stock darstellbaren Winkel übersetzt. So gibt es keine entsprechende Kommunikationsform bei Hummeln, Wespen oder den tropischen stachellosen Bienen. Für einige ganz wenige Stachellose Honigbienen ist beschrieben, dass sie senkrecht hängende Waben bauen. Es wäre sehr lohnenswert, bei diesen Arten nachzuschauen, ob sie eine Tanzsprache ähnlich den Honigbienen entwickelt haben. Das wäre aus rein nestarchitektonischen Gründen keine Überraschung.

Der Schwänzeltanz der Honigbienen enthält zusätzlich einen Hinweis auf die Distanz zwischen Stock und Futterplatz. Dies ist fast schon ein Luxus, was das Aufsuchen der Futterstelle angeht. Folgt eine Nachtänzerin der Richtungsangabe und sucht in der passenden Richtung nach einer Quelle, die so duftet wie die Tänzerin, käme sie alleine damit durchaus ans Ziel. Und in der Tat ist die Entfernungsangabe im Tanz, anders als die sehr viel wichtigere Richtungsangabe, mit einer Reihe von Problemen behaftet, die noch besprochen werden sollen.

Die Korrelation, die sich beobachten lässt, ist eindeutig: Bei grundsätzlich gleich bleibender Geschwindigkeit der Schwänzelbewegung ist die Zeitspanne für die Schwänzelphase umso länger, je weiter die Biene zum Kirschbaum fliegen musste. Allerdings nimmt die Zeitspanne der Schwänzelphase nur über die ersten mehrere hundert Flugmeter gleichmäßig zu; danach steigt sie nur noch sehr langsam an, so dass Entfernungsangaben zu entlegenen Zielen immer ungenauer werden, obwohl sie doch in einem solchen Falle besonders wichtig wären. Zwischen einem Kilometer und drei Kilometern wird im Schwänzeltanz kaum noch unterschieden.

Und das ist nicht das einzige Problem mit der Entfernungsangabe: Zur Bestimmung der Flugdistanz, die dann im Tanz vermittelt werden soll, nutzen die Bienen einen optischen Kilometerzähler, der nur relative Entfernungsdaten liefert.

Beim Fliegen durch eine strukturierte Umgebung wandert das Bild von Farbgrenzen und Kanten von Objekten auf dem Auge der Bienen von Einzelfacette zu Einzelfacette der Komplexaugen. Durch dieses Wandern des Bildes der Umgebung über das Auge entsteht ein „optischer Fluss" im Sehfeld der Biene. Dieser optische Fluss hilft der Biene, ihre Fluggeschwindigkeit zu bestimmen. Das können wir Menschen anhand vorbeiziehender Bilder bei dem Blick aus einem fahrenden Zug auch recht gut. Die Bienen können aus dem optischen Fluss aber auch die Distanz ableiten, die sie durchflogen haben. Das gelingt uns Menschen nur sehr schlecht oder überhaupt nicht.

Dieses optische Prinzip eines Kilometerzählers erlaubt, an den Bienen einfache

4.22 Werden Sammelbienen darauf trainiert, den Weg zum Futter durch einen engen Tunnel mit gemusterten Wänden zurückzulegen, entsteht für die Tiere durch den Flug dicht entlang am Muster eine rasche Bildfolge, ein hoher optischer Fluss, der im Schwänzeltanz zu einer falschen Wiedergabe der tatsächlichen Flugstrecke führt.

Experimente durchzuführen, mit denen sich eine Vielzahl von Einsichten in die Wahrnehmungswelt der Honigbienen gewinnen lassen. Lässt man Bienen durch schmale Tunnel, deren Wände gemustert sind, zu einer Futterstelle fliegen, erfahren sie durch den kurzen Abstand zu den Wänden, an denen sie entlang fliegen müssen, einen künstlich erhöhten optischen Fluss (Abb. 4.22).

Folgerichtig übersetzen diese getäuschten Bienen den optischen Fluss dann in eine entsprechend lange Schwänzelphase. Diese leichte Täuschbarkeit in der Entfernungsmessung öffnet uns ein Fenster in die subjektive Erlebniswelt der Bienen. Wir messen die Länge der Schwänzelphase und können so die Bienen befragen: „Biene, was glaubst du, wie weit du geflogen bist?"

Der Einsatz des „Täuschtunnels" hat alte Ideen bestätigt, andere widerlegt, in umstrittenen Punkten Klarheit geschaffen und neue Einsichten erbracht.

- Widerlegt wurde die Meinung, die Bienen nutzen den Energieverbrauch als Maß für die Flugentfernung.
- Bestätigt wurde der optische Kilometerzähler.
- Bestätigt wurde die alte Vermutung, die sich aus Beobachtungen von frei im Gelände hangaufwärts und hangabwärts sammelnder Bienen ergab, dass die Entfernungsmessung lediglich beim Flug vom Stock zur Futterstelle und nicht auf dem Rückflug erfolgt.
- Geklärt werden konnte die jahrzehntelange Auseinandersetzung um die Rolle des Schwänzeltanzes. Hier wurde darüber gestritten, ob Nachfolgebienen die im Schwänzeltanz verschlüsselte Information nutzen oder nicht. Der Täuschtunnel erlaubt, „lügende" Bienen zu schaffen, die tatsächlich eine Futterstelle in sechs Metern Entfernung besuchen, aber im Tanz fälschlicherweise die 30-fache Entfernung wiedergeben. Suchend herumfliegende Rekruten findet man anschließend nicht etwa dort, woher die Tänzerin in Wirklichkeit gekommen ist, sondern im Areal der im Tanz angegebenen Örtlichkeit, auch wenn dort überhaupt nichts bienenattraktives zu finden ist. Information aus dem Schwänzeltanz wird also in der Tat genutzt.
- Neu war die mithilfe farbig gemusterter Tunnelwände gewonnene Erkenntnis, dass von den drei farbempfindlichen Sehzelltypen im Komplexauge der Bienen, die jeweils auf die drei Farben Ultraviolett, Blau und Grün am empfindlichsten reagieren, lediglich der Grünrezeptortyp zur Entfernungsmessung genutzt wird. Da Grün die häufigste Farbe der Vegetation ist, macht

dieses sparsame Vorgehen der Wahrnehmungsmaschinerie der Honigbiene Sinn.

Die einfache Manipulationsmöglichkeit der Bienentänze durch die Täuschtunnelflüge zeigt deutlich, dass die Entfernungsangaben, die der optische Kilometerzähler der Bienen liefert, von der Struktur der Landschaft auf der Flugroute der Bienen abhängen muss, was sich im Experiment bestätigen ließ: Ein eher gleichförmiges Erscheinungsbild der Landschaft führt bei exakt gleich langen Flugstrecken zu einer kurzen Schwänzelphase im Tanz, eine komplex strukturierte Landschaft zu einer langen Schwänzelphase. Fliegen Bienen zu Futterstellen, die gleich weit entfernt sind, aber in unterschiedlichen Himmelsrichtungen liegen, können Tänze resultieren, deren Schwänzelphasen sich in ihrer Länge und damit in ihren Entfernungsangaben um den Faktor zwei unterscheiden. Eine Schwänzelphase von 500 Millisekunden kann bei einem Flug nach Süden eine Strecke von 250 Metern und bei einem Flug vom gleichen Stock nach Westen 500 Meter bedeuten (Abb. 4.23).

Daraus ergeben sich zwei Schlussfolgerungen:

- Der Kilometerzähler der Bienen liefert keine absoluten Entfernungsangaben,

---

4.23 Von einem Bienenstock aus ergibt sich je nach Blickrichtung in der Regel ein anderes Bild der Landschaft. Die unterschiedliche Detailgestaltung der Landschaft erzeugt für die fliegenden Bienen unterschiedlich starke optische Flüsse und führt für identisch lange Flugstrecken im Feld folglich im Tanz zu unterschiedlich langen Schwänzelphasen.

Gleiche Flugstrecke

Gleiche Flugstrecke

sondern ist nur dann brauchbar, wenn Folgebienen den Stock in exakt gleicher Flugrichtung (und Flughöhe) verlassen wie die Tänzerin. Nur so arbeiten sie den gleichen „Flugfilm" ab wie die Tänzerin.

- Die Vorstellung, dass es bei unterschiedlichen Bienenrassen Dialekte gibt, die sich in der Übersetzung einer gleich langen Flugstrecke in die Dauer der Schwänzelstrecke unterscheiden, sollte noch einmal kritisch überdacht werden.

Vergleicht man die Tänze unterschiedlicher Bienenrassen für ein und dieselbe Flugstrecke, also für eine einzige konkrete Flugroute in einem konkreten Habitat, ergeben sich hinsichtlich der Dauer der Schwänzelstrecke nur minimale Unterschiede. Vergleicht man aber die Tänze von Bienen derselben Rasse für gleich lange, aber geographisch unterschiedliche Flugstrecken, zeigen sich landschaftsbedingte Differenzen, die deutlich größer als die rein rassenbedingten Unterschiede sind. Untersucht man für eine vergleichende Betrachtung die Kodierung der Flugstreckenlänge im Bienentanz für unterschiedliche Bienenrassen in unterschiedlichen Versuchsgebieten, dann vergleicht man eher die optischen Eigenschaften der Landschaften als die Eigenschaften der Honigbienen.

Um die relative Entfernungsinformation zwischen der Tänzerin und den Nachtänzerinnen möglichst fehlerfrei zu übersetzen, ist für die Kommunikationspartner die Einhaltung der genau gleichen Flugroute eine wesentliche Voraussetzung. Daraus lässt sich schließen, dass ein enormer Selektionsdruck auf einer sehr genau übermittelten und befolgten Richtungsangabe im Schwänzeltanz liegt.

Außer den geographischen Angaben zur Lage des Zieles verraten die Tänzerinnen noch weitere wichtige Details über Flugstrecke und Futterquelle. Attraktive Futterquellen führen zu lebhaften Tänzen. Weniger attraktive Futterstellen lösen weniger lebhafte Tänze aus. Lebhafte Tänze kommen zustande, wenn die Tänzerinnen die Rücklaufstrecken zum Startpunkt der Schwänzelphase sehr rasch zurücklegen, während sie bei weniger lebhaften Tänzen entsprechend langsam zum Startpunkt der Schwänzelphase zurückkehren. Die Zeitspanne der Schwänzelphase, die die Entfernungsangabe beinhaltet, wird durch die Attraktivität einer Futterquelle nicht beeinflusst.

Aber was ist eine attraktive Futterquelle?

Die Bienen integrieren eine Vielzahl unterschiedlicher Eindrücke zu einem einzigen Gesamteindruck. Dazu gehören die direkten Futtereigenschaften, aber auch vielfältige Erfahrungen auf der Flugstrecke: Eine hohe Zuckerkonzentration im Nektar erhöht die Lebhaftigkeit der Tänze, Schwierigkeiten auf dem Weg zum Futterplatz, wie starke Winde, erkannte Feindbedrohungen oder enge Durchgänge, reduzieren sie. Lebhafte Tänze finden das Interesse einer größeren Anzahl an Nachtänzerinnen als weniger lebhafte Tänze und bringen somit mehr Rekruten an die entsprechenden Futterplätze.

Eine Tänzerin weiß, worüber sie „spricht", denn aus den Flügen zwischen Stock und Futterplatz sammelt sie die nötige Information aus der Umwelt. Aber wie übernehmen die Nachtänzerinnen diese Botschaft? Auch hier haben extrem verlangsamte Filmaufzeichnungen Einblicke ermöglicht. Der immer gleiche Ablauf

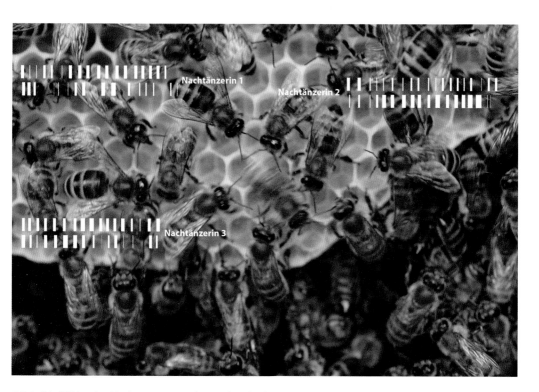

4.24 Die Fühler der Nachtänzerinnen lesen als „Blindenstöcke" im dunklen Stock die Bewegungen der Tänzerin. Der rhythmisch nach beiden Seiten schwingende Körper der Tänzerin schlägt im Schwänzeltakt auf die starr gehaltenen Fühler der Nachtänzerinnen. Für jede Position der Nachtänzerinnen ergeben sich dabei charakteristische Zeitmuster für den Kontakt mit den beiden Fühlern. Darin verschlüsselt ist die Information über die Dauer der Schwänzelphase (Entfernungsangabe) und die Ausrichtung der Tänzerin im Schwerefeld (Richtungsangabe).

der Tanzchoreographie, der nur Spielraum für die richtungs- und entfernungskodierenden Bewegungsgrößen lässt, gestattet es den Nachtänzerinnen, über ihre Fühler die Botschaft zu ertasten. Während der Schwänzelphase stehen die richtig positionierten Nachtänzerinnen mit starr gestreckten Fühlern, die sie in einem etwa 120–150-Gradwinkel zueinander halten, still. Sie sind dabei so dicht an der Tänzerin, dass der ausschlagende Hinterleib rhythmisch auf die Fühler drückt. Dabei

werden beide Fühler einer Nachtänzerin genau gleichzeitig weggedrückt, wenn sie exakt im rechten Winkel und seitlich zur Tänzerin steht, und sie werden genau abwechselnd berührt, wenn die Nachtänzerin während der Schwänzelphase exakt hinter der Tänzerin steht. Für Zwischenpositionen ergeben sich entsprechende Mischmuster (Abb. 4.24).

Da sich die Tänzerin in der Schwänzelphase vorwärts schiebt, während die Nachtänzerinnen still stehen, verschiebt sich das Muster auf systematische Art und Weise. Jede Nachtänzerin kennt die Ausrichtung ihres eigenen Körpers auf der Wabe, da sie über Schweresinnesorgane verfügt (▶ Abb. 7.12). Kombiniert sie diese Information über ihre eigene Ausrichtung mit dem erlebten Antennenberührungsmuster, so ergibt sich die Ausrichtung der Tänzerin auf der Wabe. Die Dauer der Schwänzelphase, die die Flugentfernung verschlüsselt, entspricht der Gesamtdauer des Tremolos auf die Antennen der Nachtänzerinnen.

Noch sind nicht alle Fragen um das Ballett von Tänzerin und Nachtänzerinnen geklärt. Wir sind jetzt genau in der gleichen Situation wie historisch nach der Entdeckung der Tanzsprache: Wir haben eine klare Korrelation zwischen der Position von Tänzerin und Nachtänzerin und dem sich daraus ergebenden Antennenberührungsmuster. Nun müssen wir unsere Hausaufgaben erledigen und beweisen, dass diese Korrelation als Information genutzt wird.

Senderbienen und Empfängerbienen treffen sich auf dem chemisch erkannten und vielleicht von den Bienen gezielt markierten Tanzboden (siehe auch Kapitel 7). Die Botschaft zur Lage der Futterquelle wird höchstwahrscheinlich durch die Antennen aufgenommen. In der bisherigen Schilderung der Vorgänge zwischen den Kommunikationspartnern fehlt jedoch ein wichtiges Bindeglied: Wie finden sich nachrichteninteressierte Bienen und Tänzerinnen auf dem Gedränge des Tanzbodens?

Ein Hightech-Lauschangriff auf physikalische Details des Schwänzeltanzes in Kombination mit Verhaltensbeobachtungen hat dabei die wichtige Rolle von Wabenvibrationen erkennen lassen. Die Tanzbodenchemie führt alle Kommunikationspartner in relative Nachbarschaft zusammen, die Physik der Waben ist für die direkte „Kontaktbörse" verantwortlich: Wabenvibrationen führen im Dunkel des Stockes die auf dem Tanzboden versammelten Tänzerinnen und „Möchtegern-Nachtänzerinnen" zusammen. Solche Schwingungen werden besonders gut über die verdickten Ränder der Wabenzellen übertragen. Der obere Abschluss der Wabenzellen besteht aus Wülsten, die in ihrer Gesamtheit ein Netz bilden, das aus sechseckigen Maschen zusammengesetzt ist (Abb. 4.25 und ▶ Abb. 7.23).

Dieses Netz leitet Schwingungen weiter, die von einer Tänzerin erzeugt werden. Details zu Art und Weiterleitung dieser Schwingungen werden in Kapitel 7 beschrieben.

Der Generator, mit dem Bienen die Vibrationen erzeugen, ist die im Brustabschnitt untergebrachte Flugmuskulatur, der kräftigste Leistungsträger, den eine Honigbiene besitzt. Mit dieser Maschine gibt die Biene Vollgas, während die Flügel ausgekuppelt werden und somit nur ganz schwach mitschwingen. Der auf Leerlauf gestellte Flugmotor der Biene brummt jedoch nicht durchgehend, sondern es werden Pulse erzeugt, die in der Regel in die Schwänzelbewegung eingebaut werden, so dass die Umkehrpunkte der Hin- und Herbewegung „betont" werden. Die Grundfrequenz dieser Pulse liegt entsprechend der Flügelschlagfrequenz bei 230 bis 270 Schwingungen pro Sekunde.

Unter Umständen können auch „stumme Tänze" auftreten, die sich in ihrem Erscheinungsbild einem menschlichen Betrachter wie die betonten Schwänzeltänze darstellen, denen jedoch die Vibrationspulse fehlen. Solche stummen Tänze

4.25 Die dünnen Wände der wächsernen Wabenzellen schließen am oberen Ende mit einem Wulst ab. Alle Wülste bilden gemeinsam ein Netz, das auf den Zellwänden ruht.

locken keine Nachtänzerinnen an, obwohl sich die Tänzerin im dichten Gedränge redlich um Aufmerksamkeit bemüht. Somit werden auch keine Sammelbienen zu fernen Zielen rekrutiert. Die für uns auffallenden ausgreifenden Schwänzelbewegungen werden offenbar als mechanischer Trick eingesetzt, die durch die Flugmuskeln erzeugten Vibrationen über die Beine in die Wabe zu schicken. Eine einfach nur stehende und schon gar eine über die Zellränder rennende leichtgewichtige Tänzerin würde über ihre dünnen Beine kaum nennenswerte Energie in die Wabe leiten können. Da sie aber während des Schwänzelns die Füße fest an den Zellrändern verankert, setzt sie die Zellränder abwechselnd links und rechts durch einen Zug mit ihren Füßen unter Spannung. Dieser Zug ist kräftig an den Umkehrpunkten der Schwänzelbewegung, da die Biene genau dann am stärksten an den Zellrändern zieht. Und diese Momente höchster Zell-

wulstspannung werden von den Bienen zur Vibrationseinleitung in das Zellrandnetz genutzt. Sie „betonen" jede Richtungsumkehr mit einem Vibrationspuls.

Die Vibrationssignale, die eine Tänzerin erzeugt, sind sehr schwach im Vergleich zu dem konstanten kräftigen Hintergrundrauschen in einem „summenden" Bienenstock. Jedes Kommunikationssystem, natürlich wie künstlich, ist darauf ausgelegt, ein möglichst günstiges Signal-Rausch-Verhältnis zu erreichen. Das Signal muss stark genug sein, um trotz Hintergrundrauschen erkennbar zu sein. Ein starkes Rauschen ist im Bienenvolk Dauerzustand, und eine einzelne Biene, die ein Vibrationssignal aussendet, kann diesen Hintergrund nicht übertönen.

Wie erkennen also interessierte Bienen trotz der schwachen Schwingungssignale die Anwesenheit einer Tänzerin und sogar deren Aufenthaltsort, um sich am Ballett beteiligen zu können? Hier hilft eine physikalische Besonderheit im Schwingungsbild der Waben, das in Kapitel 7 ausführlich erläutert wird. Das flächige Muster der Schwingungen, das jede Biene mit ihren sechs Beinen von den Zellrändern abgreifen kann (▶ Abb. 7.27), erklärt die Richtungen und Entfernungen auf einer Wabe, nach denen im Dunkeln spätere Nachtänzerinnen die Platzierung einer Tänzerin feststellen (Abb. 4.26).

Die Wabenvibrationen, die eine Tänzerin aussendet, dienen also ausschließlich dazu, die Nachtänzerinnen an eine Tänzerin heranzuführen. Sie enthalten keinerlei Botschaften über die Lage der Futterplätze.

Trotz vieler Detailkenntnisse zur „Tanzsprache" der Honigbienen bleiben zahlreiche wichtige Fragen offen. Untersucht man Einzelheiten der Schwänzelphase, die die Lage der Futterstelle angibt, stößt man auf verblüffende Unklarheiten, die zum Teil in den bisherigen Ausführungen schon angesprochen wurden.

4.26 Im Dunkel des Stockes erkennen interessierte Bienen aus der Distanz anhand des zweidimensionalen Schwingungsmusters der Wabenränder die Position einer Tänzerin. Nur in der weiß markierten Zelle schwingen die Wände im Gegentakt, bei allen anderen Zellen in der Umgebung dieser Zelle dagegen im Gleichtakt (▶ Abb. 7.27). Die Vibrationen der Zellränder erfühlen die Bienen mit ihren Beinen. Haben sie diese Information entschlüsselt, wenden sie, wie die Biene, die hier die Bewegung der markierten Zelle ertastet, aus der Distanz ihren Kopf in Richtung Tänzerin, drehen sich zu ihr hin, laufen auf sie zu und klinken sich als Nachtänzerin in das Ballett ein. Die Entfernung, aus der auf diese Weise eine Tänzerin lokalisiert werden kann, hängt stark von der physikalischen Beschaffenheit der Wabenfläche ab, auf die die Tänze stattfinden. Die Tänzerin, deren Vibrationen zu dem Schwingungsmuster der Zellen führt, ist durch ihre schnelle Bewegung hier unscharf abgebildet.

- Die Ausrichtung direkt aufeinander folgender Schwänzelstrecken, getanzt für das gleiche Ziel, unterscheidet sich zum Teil erheblich.
- Die Dauer der Schwänzelphase, in der die Entfernung verschlüsselt ist, hängt stark von der optischen Struktur der Landschaft zwischen Stock und Futterplatz ab.
- Zudem wird die Anzeigbarkeit der Flugdistanz immer schlechter, je größer die Entfernung ist. Zwischen einer zwei Kilometer weiten und einer drei Kilometer weiten Flugstrecke – das entspricht in etwa den Außengrenzen normaler Sammeltätigkeit – wird im Tanz kaum noch unterschieden. Bienen können aber bis zu zehn Kilometer vom eigenen Stock entfernt sein. Solche Extremausflüge können im Tanz noch viel weniger treffend wiedergegeben werden.

Wie also werden durch solche ungenauen Botschaften Rekruten zu Futterstellen gebracht?

Bienen, folget den Signalen

Aufschlussreich ist die Beobachtung von Bienen, die einer Tänzerin für viele Run-

den gefolgt und so zu Sammelflügen rekrutiert worden sind. Stoppt man die Zeit, die eine solche Biene benötigt, um beim ersten Ausflug nach Verlassen des Stockes an der Futterstelle einzutreffen, misst man für die Neulinge bis zu dreißig Mal so viel Zeit wie für eine Biene, die diesen Ort bereits besucht hatte. Konkret kann das bedeuten, dass eine ortserfahrene Biene die Strecke in 40 Sekunden zurücklegt, ein Neuling dagegen erst 20 Minuten nach Verlassen des Nestes zum ersten Mal an der Futterstelle auftaucht. Massiv verkürzen lässt sich die Flugzeit der Neulinge, wenn man den Futterplatz mit einem für Bienen attraktiven Duft versieht und wenn dann noch der Wind den Duft direkt zum Stock trägt. Besuchen Tänzerinnen duftlose Futterstellen, kristallisiert sich besonders deutlich heraus, dass die Bienen auch draußen im Feld soziale Insekten sind und Kontakt und Kommunikation pflegen. Ortskundige und ortsunkundige Bienen bilden, zumindest beim Anflug auf die Futterstelle, gemischte Gruppen von bis zu zehn Tieren. Dort landen immer zuerst die Ortskundigen, knapp gefolgt von den unerfahrenen (Abb. 4.27), so dass es sehr häufig zu richtigen Tandemlandungen kommt – die Ortskundigen immer unten, die Ortsunkundigen immer obenauf sitzend.

Wie können sich solche Gruppen bilden? Unsere Kenntnisse darüber sind zwar höchst spärlich, aber nicht gleich „null". Bienen, die im Stock tanzen, geben auch im Freiland den rekrutierten Bienen Hilfen. Hat eine Biene, die einen Futterplatz besucht, im Stock nicht getanzt, so fliegt sie den Futterplatz geradlinig und für menschliche Ohren geräuschlos an und landet direkt. Hat eine Biene getanzt, um-

4.27 Neulinge werden von erfahrenen Bienen an Blüten herangeführt. Das führt häufig zu Tandemlandungen von erfahrenen Sammelbienen und Neulingen.

kreist sie das Ziel mit laut hörbaren ausladenden Schleifenflügen. Diese lauten Schleifenflüge haben den Altmeister der Bienenkommunikationsforschung, Karl von Frisch, vor seiner Entdeckung der Tanzsprache zunächst veranlasst, zu untersuchen, ob Bienen ihre Stockgenossinnen akustisch zu den Futterplätzen locken. Die geringe Fluggeschwindigkeit der „Brauseflüge" gestattet es einem Beobachter, am Hinterleib der Bienen einen hellen Streifen zu sehen. Dieser „Streifen" ist der Zugang zu der weit geöffneten Nasanovdrüse,

die sich im Hinterleib der Bienen zwischen den beiden letzten Segmenten befindet. Eine geöffnete Nasanovdrüse entlässt den Duftstoff Geraniol, mit dem sich Bienen untereinander auch in anderen Verhaltenszusammenhängen Hilfestellung leisten (siehe auch Abb. 4.13). Still und glatt landende Bienen halten ihre Nasanovdrüse geschlossen. Die brausefliegenden Bienen landen in Gesellschaft der Neulinge, die glatt Landenden ohne Begleitung. Solche Gruppen bilden sich aber erst irgendwo auf dem Weg vom Stock zum Futterplatz. Es

4.28 Erfahrene Sammelbienen, die die gleiche Futterstelle aufsuchen, sitzen im Stock oft als Gruppe eng beisammen und bilden beim Tanz gemeinsame Ballettgruppen.

verlassen keine Gruppen aus Neulingen und erfahrenen Bienen gemeinsam den Stock, um dem gleichen Ziel entgegen zu fliegen.

Es gibt aber eine Gruppe von Bienen, die sehr rasch und ohne Begleitflughilfen an den angezeigten Futterplätzen auftauchen, nachdem sie im Stock Tänzen gefolgt sind. Das sind erfahrene Sammelbienen, die die angezeigte Futterquelle bereits vorher kannten und besucht haben, was durchaus schon Tage vorher geschehen sein kann.

Markiert man Sammelbienen, die den gleichen Kirschbaum ausbeuten, mit einem kleinen Farbpunkt, lässt sich im Stock beobachten, dass diese Bienen sehr eng beisammenbleiben und sogar die Nacht gemeinsam verbringen (Abb. 4.28).

Solche gleichfarbigen Gruppen findet man auch oft als gemeinsame Ballett-truppe (Abb. 4.29), in der eine von ihnen die Tänzerin und die anderen die Nachtän-zerinnen sind. Die Tänze rekrutieren also nicht nur Neulinge, sondern häufig auch erfahrene Sammelbienen, die sogar bereits

4.29 Tanzgruppe mit erfahrenen Pollensammlerinnen in der Nachtanzgruppe, die die gleiche Tracht-quelle wie die Tänzerin besuchen.

die gleiche Trachtquelle wie die Tänzerin besucht haben. Möglicherweise werden auf diese Weise erfahrene Sammelbienen auf eine bekannte und „erneut geöffnete Gaststätte" aufmerksam gemacht.

Die „Brauseflüge" in der Umgebung der Futterplätze können von den Folgebienen nicht akustisch erkannt und zur Orientierung genutzt werden, da Honigbienen keinen echten Gehörsinn besitzen. Aber sie sind optisch sehr auffallend und reizen das hervorragend ausgebildete Bewegungssehen der Bienen. Man kann vermuten, dass

der Flugton der „Brauseflüge" als unbeabsichtigter Effekt durch spezifisch eingesetzte besondere Flügelbewegungen entsteht, deren Funktion in der Erzeugung von Turbulenzen besteht. Solche Turbulenzen können, ähnlich der Spur eines Schiffes auf der Wasseroberfläche oder den Luftwirbeln hinter einem Flugzeug, für eine bestimmte Zeitspanne stabil in der Luft bestehen bleiben. So könnten die Pheromone der Nasanovdrüse in den sich drehenden Luftwirbeln eingefangen und festgehalten werden und als chemische

Leitpfosten weitere Zielfindehilfen für die Neulinge bilden.

Viele Elemente in der Kommunikationskette der Futterplatzrekrutierung werden beim „richtigen" Schwarmverhalten beobachtet und erinnern an ein Minischwarmverhalten. Der Minischwarm der Futterplatzrekrutierung ist im Leben des Superorganismus Bienenvolk einem geringeren Erfolgsdruck ausgesetzt als ein schwärmendes Volk, das sehr rasch in eine neue Behausung geleitet werden muss. Das geschwärmte Volk nicht rasch in ein neues Zuhause zu führen, kann in einer Katastrophe enden (▶ Abb. 2.8), während ein nicht optimal ausgenutztes Futterangebot weniger dramatische Folgen für die Kolonie hat. Die Futterplatzrekrutierungsbausteine sind somit vermutlich aus dem „richtigen" Schwarmverhalten abgeleitet und erst später für die Futterplatzkommunikation eingesetzt worden und nicht etwa umgekehrt.

Die Rekrutierung von Neulingen zu Futterstellen erweist sich als ein hochkomplexes Verhalten, bei dem Bienen im Stock und im Feld miteinander kommunizieren. Aber auch die Blüten selbst bieten wichtige Hilfen, weil die den Tänzerinnen anhaftenden Blütendüfte den Rekruten verraten, wonach zu suchen ist, und vom Wind transportierte Duftstoffe der Blüten den Bienen als Wegweiser dienen. Interessant ist, dass die Bienenvölker sich bei ausreichender Tracht normal entwickeln, auch wenn durch einfache Eingriffe in das Volk eine geordnete Tanzsprache verhindert wird. Waagrecht gelegte Stöcke und somit ein Ausschalten der Schwerkraft als Ausrichtungshilfe für die Schwänzeltänze führen zu desorientierten Tänzen, die keine Richtungsinformation mehr vermitteln können. Bei einem ausreichenden, räumlich weit verteilten Trachtangebot rund um den Stock führt dies zu keinerlei Beeinträchtigungen für die Bienenkolonie, da alleine per Zufall oder durch den lockenden Blütenduft ausreichend Blüten gefunden werden. Dagegen ist die Tanzkommunikation bei räumlich eng begrenzter und knapper Tracht bedeutungsvoll, da hier ein gezieltes Rekrutieren zu den wenigen ergiebigen Futterstellen für eine erfolgreiche Blütenausbeutung große Vorteile mit sich bringt.

5

Bienensex und Brautjungfern

Der Sex der Honigbiene ist ein Bereich ihrer Privatsphäre, über die wir noch immer mehr spekulieren als wissen.

Sex hat den Zweck, die Vielfalt an Eigenschaften in einer Population hoch zu halten. Das Zusammenführen von Ei- und Samenzellen, auf die das Erbgut eines Weibchens oder eines Männchens zunächst neu aufgeteilt wurde, ist dabei die Methode der Wahl, um zu Neukombinationen in einer unauslotbaren Vielfalt zu gelangen. Die Honigbienen machen da keine Ausnahme, und doch bieten sie auch hier Ungewöhnliches.

Weibliche Individuen erzeugen wenige Gameten, die jedoch groß und reich an Nährstoffen und somit wertvoll sind. So ist biologisch „weiblich" definiert. Männchen dagegen produzieren winzige Samenzellen, die auf „Erbgut mit Antriebsmotor" reduziert sind und deshalb in unglaublichen Mengen gebildet werden können. Rein „gametentechnisch" genügen wenige Männchen in einer Population, um viele Weibchen zu begatten.

Bei den Honigbienen finden wir das exakt umgekehrte Zahlenverhältnis vor. Auf die zehn Jungköniginnen, die eine Kolonie im Extremfall entlassen kann, kommen zwischen 5 000 und 20 000 Drohnen in einem Bienenvolk.

Ohne an dieser Stelle der Frage nachzugehen, was die Gründe für dieses extreme Ungleichgewicht sein könnten (das Problem wird im letzten Kapitel noch einmal aufgenommen), wagen wir eine theoretische Aussage: Hätten wir gleich viele Weibchen wie Männchen, würde alleine das dazu führen, dass die Männchen um die Weibchen konkurrieren, da ja bereits wenige Männchen eine für alle Weibchen ausreichende Samenmenge herstellen, die meisten Männchen somit überflüssig sind. Erkennbare Konkurrenz unter Männchen äußert sich in Balz oder in Kämpfen zwischen den Samenerzeugern.

Bei den Honigbienen kommen grob gerechnet eintausend Männchen auf ein einziges Weibchen. Die Konkurrenz unter den Männchen sollte riesengroß sein. Tatsächlich geht es aber merkwürdigerweise friedlich zu.

Bei der Zusammenstellung der Fakten zur Frage, „wie es die Bienen tun", zeigen sich Erklärungsansätze für ungewöhnliche Details beim Bienensex, aber auch Lücken in unserem Kenntnisstand und neue Ansätze für diesen Teil der Bienenbiologie.

Von den Millionen Töchtern, die eine Königin im Laufe ihres Lebens erzeugt, kommen nur einige Dutzend dazu, sich zu paaren. Es sind ausschließlich die Jungköniginnen, die sich auf den Hochzeitsflug begeben. In der Regel genügt für die Bienenhochzeit ein einziges Verlassen des Nestes, es können aber auch mehrere Ausflüge kurz hintereinander durchgeführt werden. Für die Drohnen sieht es kaum besser aus, für die deutliche Mehrheit der Drohnen sogar deutlich schlechter. Im Sommer bringt ein Bienenvolk ein paar tausend Drohnen hervor. Von ihnen kommen aber nur ein paar Dutzend, wenn überhaupt, zur Paarung – und bezahlen den Paarungsakt zudem noch auf der Stelle mit ihrem Leben.

Die Paarungsflüge

Rund um den Paarungsakt der Honigbienen ranken sich nach wie vor viele Geschichten und Vermutungen. Genährt werden diese Vermutungen durch den Umstand, dass sich die Bienen beim Sex nicht leicht beobachten lassen. Diese „Uneinsichtigkeit" umgibt den Paarungsakt der Bienen mit etwas Geheimnisvollem. Den Orten, an denen die Paarungen stattfinden, den Drohnensammelplätzen, haftet Mystisches an. Jahr für Jahr sammeln sich die neuen Drohnen, die etwa eine Woche nach dem Schlüpfen geschlechtsreif werden, an den gleichen alten Plätzen, brausen dort in großen Massen auffallend hörbar und sichtbar dicht gedrängt in relativ engem Areal durch die Luft und warten auf das Eintreffen der Jungköniginnen.

Aber wie findet eine Königin in einer Gegend, in der sie vorher nie gewesen ist, auf Anhieb den örtlichen Drohnensammelplatz? Wieso konkurrieren die Drohnen innerhalb einer Kolonie und schon gar zwischen den Bienenkolonien nicht aggressiv um den Paarungserfolg bei den Königinnen? Und wieso sollten die Arbeitsbienen von diesen aufregenden Vorgängen rund um den Sex der Bienen kalt gelassen werden? Macht es wirklich Sinn, dass sich ein Volk wenige neue Königinnen heranzieht und diesen Fortpflanzungstrumpf dann alleine der gefährlichen und unbekannten Welt da draußen überlässt?

Fragen über Fragen, auf die sich Antworten nur sehr zögernd und schemenhaft abzeichnen.

Es gibt durchaus klare Fixpunkte in diesem Paarungsnebel: Drohnensammelplätze werden in vielen Regionen dieser Welt beobachtet. Solche Bereiche können sich über Flächen mit einem Durchmesser von 30 bis zu 200 Metern erstrecken. Es sind offenbar optische Eigenheiten in der Landschaft, von denen Drohnen angezogen werden. Dabei kann es sich um exponierte Bäume oder um andere Auffälligkeiten in einer Horizontsilhouette handeln, seien es dunkle Objekte vor hellem Himmel oder helle Lücken in dunkler Front. Auch Wasserläufen, ober- oder unterirdisch, wird Leitlinienfunktion zugesprochen.

Aber man findet ebenso Regionen, in denen sich das Paarungsgeschäft der Honigbienen vollkommen unauffällig vollzieht, in denen noch nie Drohnensammelplätze beobachtet worden sind. Das weckt den Verdacht, dass es sich bei den Drohnensammelplätzen um ein Phänomen handelt, das seine Ursache in einem Aggregationsverhalten der Drohnen hat, falls die geländemäßigen Voraussetzungen dafür erfüllt sind. Finden sich geeignete „Kristallisationskerne", wie die genannten optisch auffallenden Landmarken, ergeben sich stabile Drohnensammelplätze, ansonsten geht es auch ohne.

Aber selbst in Regionen, in denen es Drohnensammelplätze gibt, lässt sich beobachten, dass diese fliegenden massiven Drohnenkonzentrationen nicht ortsstabil sind, sondern großräumig relativ rasch über einer Landschaft wandern können. Drohnenansammlungen sind zu sehen, lösen sich auf, bilden sich kurze Zeit später woanders, lösen sich wieder auf und tauchen danach an einer dritten Stelle auf. Die Landschaft erscheint wie mit einem dichten Drohnennetz überzogen, das sich hin und wieder stellenweise zu engen Knoten zusammenzieht.

Und die Drohnen sind nach dem Verlassen des Nestes nicht ständig in der Luft, wie es einer alten Vorstellung entspricht. Man findet Drohnen sitzend in der Vegetation im Bodenbewuchs oder auf Blättern und Ästen von Bäumen (Abb. 5.1). Und das nicht nur zu Zeiten der so genannten Drohnenschlacht, wenn die Männchen zu Ende der Paarungszeit der Bienen aus den Völkern geworfen werden (Abb. 5.2).

5.2 Gegen Ende der Paarungszeit werden die Drohnen überflüssig. Alle verbleibenden Drohnen bekommen kein Futter mehr,
werden aus dem Nest geworfen
und sterben.

5.1 Ihr Körperbau macht Drohnen zu höchst
effektiven Flugmaschinen. Trotzdem fliegen sie
nach Verlassen des Nestes nicht pausenlos. Man
findet Drohnen auch in der Vegetation sitzend.

Wonach suchen und worauf warten die Drohnen außerhalb des Volkes im Flug wie im Sitzen? Natürlich auf junge Königinnen.

Jungfräuliche Königinnen verlassen ihr Volk im Alter von etwa einer Woche ein- oder mehrmals für eine Zeitspanne von in der Regel wenigen Minuten, aber durchaus auch bis zu einer Stunde und kehren nach erfolgter Paarung zur Kolonie zurück. Eine Königin kann die Kolonie für mehrere Paarungsflüge verlassen und betreibt das Spiel in jedem Fall solange, bis ihre Samenvorratsblase randvoll mit Spermien ist. Ein einzelner Drohn kann bis zu elf Millionen Spermien liefern. Am Ende des Hochzeitsfluges nimmt die Königin von der gesamten, von allen Drohnen in sie injizierten Spermienmenge mit maximal sechs Millionen Samenzellen nur etwa zehn Prozent dauerhaft in ihrer Samenvorratstasche zurück in ihr Volk. In dieser vollen Samenvorratstasche halten sich die Spermien über das gesamte mehrjährige Leben der Königin frisch – eine natürliche Samenbank, aus der bis zu 200 000 Eier pro Jahr befruchtet werden.

Drohnen verlassen im gleichen Zeitfenster, später Vormittag bis Mitte des Nachmittags, das Volk. Während eine Jungkönigin, sofern es auf Anhieb klappt, nur einen einzigen Ausflug wagen muss, verlassen die Drohnen das Volk tagtäglich, gleichgültig ob junge Königinnen unterwegs sind oder nicht. Sie gehen so auf Nummer sicher. Dieser tägliche Drohnenausflug, meist ohne Paarungserfolg durchgeführt, ist ein Ausdruck der erheblichen Konkurrenz unter den Drohnen der Bienenkolonien einer Region. Das Risiko, eine Königin außerhalb des Nestes zu verpassen, ist schwerwiegend und wird durch eine hohe

Ausflugrate klein gehalten. Der tägliche, in den meisten Fällen ergebnislose Massenauszug der Drohnen spielt sich bei jedem Volk über einige Wochen hinweg ab. Ein gigantischer Aufwand, aber der mögliche Gewinn in Form der Vaterschaft für tausende Bienen ist hoch.

Dieser gigantische Aufwand an Drohnenmasse und Flugaktivität ist möglicherweise eng gekoppelt mit der zwischen den Drohnen fehlenden Aggression. Bei solitär lebenden Tieren ist die subtilste Form der Konkurrenz unter den Männchen um den Zugang zu den weiblichen Keimzellen die Spermienkonkurrenz. Dabei findet ein Verdrängungswettbewerb unter den Spermien im weiblichen Geschlechtsapparat statt. Ein verbreitetes Erfolgsrezept ist es dabei, allein durch die Masse der Spermien, die ein Männchen einbringt, die Konkurrenz kurz zu halten.

Für den Superorganismus Bienenstaat haben die Drohnen die Funktion von fliegenden Spermien. Diese Spermienbomber, in rauen Massen zu den Paarungsplätzen geschickt, haben den gleichen Effekt wie die Konkurrenz unter den Spermien: Verdrängung der Konkurrenz durch Masse.

Königinnen nutzen außerhalb der Kolonie Lockduftstoffe, denen geschlechtsreife Drohnen nicht widerstehen können. Aber eben nur außerhalb der Kolonie. Im geschlossenen Nest zeigen sich die Geschlechter gegenseitig die kalte Schulter, obwohl sie dort wochenlang auf Tuchfühlung leben (Abb. 5.3). Das Resultat dieses platonischen Zustandes ist Inzuchtvermeidung.

Eine Königin wird auf ihren wenigen Paarungsflügen, in manchen Fällen dem einzigen ihres Lebens, von mehreren Drohnen begattet, wie man aus genetischen Stu-

5.3 Im Innern des Nestes leben jungfräuliche Königin und Drohnen uninteressiert nebeneinander her.

dien weiß. Die Drohnen nähern sich einer jungfräulichen Königin gegen den Wind, angelockt von der Königinnensubstanz aus den Mandibeldrüsen. Das ist die gleiche Substanz, die im Nest die Funktion erfüllt, die Entwicklung der Ovarien von Arbeiterinnen zu unterdrücken.

Haben die Drohnen eine fliegende Jungkönigin erst einmal ins Auge gefasst, verfolgen sie, optisch geleitet, ihr Ziel wie an einem Faden gezogen in raschem Flug. Sie ergreifen die Königin mit ihren Beinen und koppeln mechanisch ihr Begattungsorgan an die Königin an. Dann stülpen sie aktiv den Endophallus zu etwa 50 Prozent aus und hängen anschließend gelähmt an der Königin. Die eigentliche Vollausstülpung des Endophallus (siehe Abb. 5.4) und die Übertragung des Spermas bewerkstelligt die Königin, nachdem der Drohn schon gelähmt ist, durch Kontraktionen ihrer Hinterleibsmuskulatur. Nicht selten explodieren die Drohnen nach dem Zusammenkoppeln der Geschlechtsorgane mit einem unter Umständen hörbaren Knall noch in der Luft. Dieses Aufplatzen des Hinterleibs führt dann zum sofortigen Tod des Drohn – ein Fall von Lustselbstmordattentätern.

Sehr attraktiv für die folgenden Drohnen ist das so genannte Begattungszei-

5.4 Ein Drohn hat sein riesenhaftes Begattungsorgan ausgestülpt. Die Blase am Ende der Struktur enthält in einer klaren Flüssigkeit die Spermien und eine voluminöse, weiße schleimige Substanz. Die beiden nach unten gerichteten Haken verankern den Drohn beim Paarungsakt in der Königin.

chen, der als Endophallus bezeichnete Teil der männlichen Geschlechtsorgane, der zunächst in der Königin stecken bleibt. Das Begattungszeichen besteht aus dem Schleim der Mucusdrüsen, den Chitinspangen des Endophallus und dem orangefarbenen und klebrigen (UV-reflektierenden) Belag, der Cornua (Abb. 5.4).

Das fest steckende Begattungszeichen (Abb. 5.5) ist nicht etwa ein Keuschheitsgürtel, der den nachfolgenden Drohnen den Zugang in die Königin versperren soll, sondern das Gegenteil ist richtig. Sein Duft und seine optischen Eigenschaften – er reflektiert das Sonnenlicht besonders gut im ultravioletten Bereich, in dem der Sehsinn der Drohnen sehr empfindlich ist – locken weitere Drohnen an. Sie entfernen den Verschluss, so muss man vermuten, nur um ihn gleich wieder durch das eigene Siegel zu ersetzen.

Ist es nicht merkwürdig, dass erfolgreiche Drohnen ein Zeichen hinterlassen, um ihren Nachfolgern den Weg zur Kopulation zu weisen? Welchen Vorteil sollten sie davon haben? Immerhin passt dies gut mit

5.5 Der Endophallus bleibt nach erfolgter Paarung zunächst in der Geschlechtsöffnung der Königin stecken und wird als „Begattungszeichen" vom Paarungsflug zum Nest zurückgebracht.

5.6 Andere staatenbildende Hautflügler wie Wespen oder Hummeln paaren sich nicht im Flug, sondern immer am Boden.

der fehlenden Aggression unter den Drohnen zusammen. Eine Antwort darauf wird in Kapitel 9 versucht.

Man findet gar nicht selten auf dem Boden liegend faustgroße Klumpen aus Drohnen, aus dessen Innern sich eine Bienenkönigin freilegen lässt. Rein „flugtechnisch" betrachtet sollte es nicht verwundern, dass ein Gespann aus Königin, die selbst schon im Vergleich zu Arbeitsbienen eine langsame Fliegerin ist, und dem anhängenden Drohn nicht mehr besonders flugfähig ist und zu Boden geht. Weitere Drohnen werden dann von der Hoffnung angelockt, auch noch zum Zuge zu kommen. Bei allen näheren und weiteren Verwandten der Honigbienen, für die zuverlässige Beschreibungen des Paarungsaktes vorliegen, so bei Hummeln, Wespen, Ameisen, findet die Kopulation am Boden statt (Abb. 5.6).

Es bleiben Fragen zu Details, aber auch zum Grundsätzlichen der Paarung bei den Honigbienen, zu deren Antworten wir nur langsam Zugang gewinnen. Soll man tatsächlich davon ausgehen, dass die Mehrheit der Volksgenossinnen, die Arbeitsbienen, dem Geschehen gleichgültig gegenübersteht?

Die Arbeitsbienen als Brautjungfern

Die Paarungs-„Luftnummer" ist für die Jungkönigin und damit für die gesamte Kolonie, deren fliegende weibliche Gameten die Königin ja darstellt, extrem riskant. Bienen werden im Flug von nicht wenigen Räubern angegriffen. Dabei muss man nicht einmal an Spezialisten wie den „Bienenwolf" denken, eine Wespenart, deren Weibchen einzelne Bienen fangen und als Proviant für ihre Larven in Erdröhrchen stecken. Zahlreiche Vögel fangen Honigbienen und lernen, gefahrlos mit dem Giftstachel der Bienen umzugehen. Soll also diese einzige Jungkönigin, dieses dünne Fädchen, das die Kolonie mit ihrer Zukunft verbindet, dieses Resultat der gemein-

samen Anstrengung aller Bienen einer Kolonie, vollkommen allein in der gefahrvollen Welt außerhalb der Kolonie unterwegs sein?

Eigentlich schwer vorstellbar. Die Bienenkolonien haben für jede denkbare Problematik optimale Lösungen hervorgebracht und sollen ausgerechnet für diese Schlüsselsituation im Leben des Superorganismus keinen Weg gefunden haben, ihre Zukunft besser abzusichern?

Etwas Licht in diese rätselhafte Situation bringt ein Phänomen, das den Imkern als „Vorspielflüge" schon seit langem bekannt ist. In einer bestimmten Jahresperiode, tageszeitlich just immer dann, wenn Drohnen und Jungköniginnen zu erwarten sind, lassen sich vor den Eingängen zu Bienenstöcken regelrechte Wolken auf- und abfliegender Bienen beobachten (Abb. 5.7).

Diese Vorspielflüge werden im Allgemeinen als Orientierungsflüge von Jungbienen gedeutet. Es gibt aber eine andere, durch Beobachtungen und einfache Versuche gut begründete Auffassung, die dem Begriff „Vorspielflug" eine ganz neue und viel zutreffendere Bedeutung gibt und ihn in Verbindung mit dem Bienensex bringt.

- Markiert man Jungbienen beim Schlüpfen und beobachtet dann, zu welcher Tageszeit sie auf ihren ersten Ausflug gehen, verlassen sie über den gesamten Flugaktivitätsverlauf des Volkes zwischen Sonnenauf- und untergang die Kolonie, unternehmen ihren ersten Ori-

entierungsflug und kehren wieder in die Kolonie zurück. Man findet keine Häufung der Orientierungsflüge von Jungbienen zur Zeit der Vorspielflüge.

- Fängt man komplette Vorspielschwärme und bestimmt deren bienenmäßige Zusammensetzung, tauchen zwar Jungbienen auf, da sie ja zu jeder Tageszeit auftreten, aber nur in der kleinen Anzahl, die auch außerhalb der Vorspielzeiten zu finden ist. Der größte Teil der vorspielenden Bienen sind alte Flugbienen, dabei nicht wenige sehr alte Bienen mit Flügeldefekten oder abgewetztem Borstenbesatz. Manche dieser Bienen kommen direkt „von der Arbeit", wie man an den Pollenhöschen mancher Vorspielerin oder am vollen Nektarkropf, der sich an eingefangenen Bienen sanft ausdrücken lässt, erkennen kann.

- Bildet man Bienenvölker ausschließlich aus alten Flugbienen, finden täglich zur passenden Tageszeit vollkommen normale Vorspielflüge statt. Diese alten Flugbienen benötigen keine Orientierungsflüge mehr.

- Kreiert man Völker, die man über Wochen ohne Königin hält und denen man regelmäßig Jungbienen in genau der Menge zusetzt, dass ihre Anzahl der Geburtenrate bei Vorhandensein einer Königin entspricht, treten keine Vorspielflüge auf.

- Wird ein weiselloses Volk, das keine Vorspielflüge durchführt, mit einer Königin ergänzt, lassen sich vom ersten Tag an wieder Vorspielflüge beobachten.

- Vorspielflüge treten nur in der Jahreszeit des Drohnenfluges auf, also in einer Periode, in der auch die Jungköniginnen ihre Völker zum Hochzeitsflug verlassen. Früher oder später im Jahr produ-

5.7 Während der Paarungszeit treten vor den Völkern um die Mittagszeit die so genannten Vorspielwolken auf, während gleichzeitig die Sammelaktivität des Volkes stark zurückgeht.

5.8 Eine jungfräuliche Königin verlässt, begleitet von einer Gruppe Arbeiterinnen, den Stock, um kurz darauf zu ihrem amourösen Abenteuer auszufliegen.

ziert das Volk viele neue Arbeitsbienen. Im Frühjahr explodiert das Volk sogar regelrecht vor frischen Arbeitsbienen, die ihre Orientierungsflüge abhalten müssen, aber dabei keine Vorspielwolken bilden.

- Während des Auftretens der Vorspielwolken geht die Sammelaktivität des Bienenvolkes vorübergehend erkennbar zurück.

Die Meinung, Vorspielflüge seien die Orientierungsflüge von Jungbienen, ist nicht haltbar. Wozu also dann die Vorspielflüge, wenn sie keine Orientierungsflüge der Jungbienen sind und nur bei Vorhandensein einer Königin auftreten?

Ein geduldiger Beobachter kann den Zeitpunkt erwischen, an dem eine Jungkönigin auf Hochzeitsflug geht. Die jungfräuliche Königin verlässt mit einer Gruppe von bis zu 20 Arbeiterinnen zu Fuß das Nest bis vor die „Haustür", worauf diese Gruppe sofort losfliegt (Abb. 5.8).

Dabei fällt auf, dass mit der abfliegenden Königin und ihrem Begleittrupp auch die Masse der vorspielenden Bienen im Feld verschwindet, um zeitgleich mit der Königin aus dem Feld wieder vor dem Stock aufzutauchen (Abb. 5.9).

5.9 Auf der Rückkehr zu ihrem Stock wird die Königin (links), wie beim Wegflug, von einer Gruppe Arbeiterinnen begleitet.

5.10 Die frisch begattete Königin ist gelandet und betritt mit ihren Begleiterinnen das Nest, das sie erst wieder zur Schwarmsaison im folgenden Jahr verlässt.

Sofort nach der Landung kehrt die Königin, und mit ihr gemeinsam in enger Tuchfühlung wiederum eine Gruppe von Arbeiterinnen, in das sichere Nest zurück. Auch viele Bienen der mit der Rückkehr der Königin neu entstandenen Vorspielwolke betreten sofort den Stock (Abb. 5.10), und der „Vorspielspuk" verzieht sich rasch.

Findet kein Ausflug einer Königin statt, löst sich die Vorspielwolke nach längstens einer halben Stunde wieder auf, um am folgenden Tag

5.11 Von ihrem Hochzeitsflug kann die Königin den Endophallus des Drohns zurückbringen, der sie als letzter begatten konnte.

das gleiche Schauspiel zu bieten.

Oft trägt die Königin nach ihrer Rückkehr von einem erfolgreichen Paarungsflug in ihrer Geschlechtsöffnung als Begattungszeichen noch den Endophallus des Drohns, der sich im letzten Begattungsakt geopfert hat (Abb. 5.11). Dieses Begattungszeichen entfernen Bienen aus der Geleitgruppe entweder noch vor dem Betreten des Stockes (Abb. 5.12) oder sofort danach im Nest (Abb. 5.13).

5.12 Eine Arbeiterin entfernt das Begattungszeichen vor dem Stock aus der Geschlechtsöffnung der Königin.

5.13 Ist die Königin sehr rasch im Innern des Nestes verschwunden, wird ihr dort und nicht im Freien das Begattungszeichen entfernt.

5.14 Imker organisieren die Begattung frei fliegender Jungköniginnen auf so genannten Belegstellen, auf denen Minivölker mit Jungköniginnen und wenigen hundert Arbeiterinnen sowie starke Drohnenvölker räumlich konzentriert aufgestellt werden.

Was genau sich im Feld abspielt und welche Rolle die Arbeiterinnen dabei übernehmen, entzieht sich noch unserer Kenntnis. Aber es lässt sich eine Vorstellung entwickeln, die auf vielen Einzelbeobachtungen und Auswertungen umfangreicher Aufzeichnungen beruht.

Der Imker, wenn er keine künstliche Besamung der Königinnen durchführt, kennt zwei Formen der Bienenbegattung: Bei der Standbegattung überlässt der Imker das Paarungsgeschäft Jungköniginnen und Drohnen auf der Grundlage voll entwickelter Kolonien. Oder er bringt die Jungköniginnen mit jeweils einem Minivolk von wenigen hundert Arbeitsbienen zusammen, gemeinsam untergebracht in einem kleinen Begattungskästchen (Abb. 5.14), an eine so genannte Belegstelle, auf der dann zusätzlich große Völker mit sehr vielen Drohnen aufgebaut werden.

Verwunderlich ist, dass bei Standbegattung höchst selten Königinnenverluste auftreten und so gut wie jede Königin von ihrem Hochzeitsflug besamt und wohlbehalten in den Stock zurückkehrt. Fliegen die Königinnen dagegen von den kleinen Minivölkern aus, geht etwa jede dritte Königin auf dem Hochzeitsflug verloren. Ein solcher 30-prozentiger Verlust, würde er unter natürlichen Umständen auftreten, wäre angesichts der wenigen Königinnen, die in einer Saison einem Bienenvolk entstammen, eine Katastrophe.

Worin könnte die Ursache für diesen Unterschied bestehen? Möglicherweise in der Größe von Flugbegleiterinnengruppen? Jungköniginnengeleitflüge durch Sammelbienen würden sehr viel Sinn machen. Königinnen kennen die Umgebung des Stockes überhaupt nicht oder von wenigen Orientierungsflügen her nur schlecht. Erfahrene Sammelbienen haben die Geographie ihres Habitats im Kopf und könnten Leitdienste leisten, so vor allem für den Rückflug zum Stock, der aus Sicherheitsgründen rasch und zielstrebig erfolgen sollte. Jungköniginnen sind die wertvollsten Produkte, die ein Bienenvolk hervorbringen kann und auf die es sorgfältig aufpassen sollte. Eine kleine Kohlmeise, angelockt von einem königlichen fliegenden Fleck gegen den hellen Himmel, brächte den Jahresfortpflanzungserfolg eines ganzen Volkes – erkauft durch enorme Investitionen der gesamten Kolonie – in große Gefahr. Gruppenflüge böten also nicht nur Orientierungshilfen, sondern durch den „Heringsschwarmeffekt" auch noch Schutz. Und dieser Schutzeffekt ist umso höher, je größer die Anzahl der Arbeiterinnen ist, die den Paarungsluftraum bevölkern. Ein möglicher Gruppenschutzeffekt für ausfliegende Jungköniginnen lässt sich tatsächlich beobachten. Perfekt im Falle großer Kolonien, wo alle Königinnen vom Paarungsflug heimkehren, drastisch reduziert bei kleinen Kolo-

nien, wo von drei ausgeflogenen Königinnen nur zwei heimkehren.

Man könnte sogar noch weiter gehen und den Arbeiterinnen eine noch aktivere Rolle beim Fortpflanzungsgeschäft unterstellen. Werden Jungköniginnen von einem Experimentator im Freiland auf einem Blatt ausgesetzt und fliegen nicht sogleich weg, sondern bleiben sitzen, so lassen sich folgende Ereignisse beobachten und filmen: Nach wenigen Minuten ist die Königin selbst in mehreren hundert Metern Entfernung vom nächsten Bienenstock sofort von einer kleinen Gruppe Arbeitsbienen umringt. Folgen dann später Drohnen, um die Königin, die sich mit geöffneter Stachelkammer empfängnisbereit zeigt, zu begatten, werden einzelne Drohnen von den Arbeitsbienen hoch aggressiv angegangen, von der Königin vertrieben und sogar im Fluchtflug verfolgt. Solche Verfolgungsflüge „Arbeitsbiene jagt Drohne" sehen genau so aus wie die Flugformation „Drohn jagt Königin" und sind in der Luft nicht leicht als solche zu identifizieren, es sei denn, man hat ihre Entwicklung lückenlos verfolgt.

Auch hier ist noch vollkommen unklar, welcher Zweck von den Arbeitsbienen verfolgt wird und ob dieses Verhalten eher die Ausnahme oder die schwer beobachtbare Regel darstellt. Eine die Königin hautnah begleitende Gruppe von Arbeiterinnen hätte die Möglichkeit, bestimmten Drohnen die Kopulation zu gestatten, anderen aber nicht.

Es eröffnen sich viele sehr spannende Fragen für künftige Forschungsprojekte.

Nach dem Paarungsgeschäft verlässt eine Königin das Nest ein Jahr später nur noch zum Umzug in ein neues Heim, wenn sich ihre Kolonie eine neue Königin zugelegt hat. Die Spermien, die sie beim Paarungsflug aufgenommen hat, bleiben jahrelang frisch, eine Samenbank ohne Tiefkühlschrank.

Ist der Vorrat aufgebraucht, kann die Königin nur noch unbefruchtete Eier legen, aus denen nur noch Drohnen hervorgehen. Diese Königin beendet nun ihre Rolle im ewigen Leben der Kolonie.

Ganztier-Gameten

Aber noch einmal zurück zum Anfang, zur Erzeugung von Geschlechtstieren durch die Kolonie: Die ersten sichtbaren Zeichen dafür, dass eine Bienenkolonie damit beginnt, sich „Ganztier-Gameten" zu ziehen, lassen sich aus der Wabenarchitektur ablesen. Königinnen werden in so genannten Weiselwiegen aufgezogen, die in geringer Anzahl meist am Rande der Waben angelegt werden. Die Larven, die in diesen königlichen Unterkünften schlüpfen, unterscheiden sich zunächst in nichts von denjenigen, die sich zur künftigen arbeitenden Bevölkerung entwickeln. Der spezielle Futtersaft, den die Larven in den Weiselwiegen bekommen, lässt sie dann zu Königinnen heranreifen. Weniger verwöhnt wird die alte Königin. Sie wird zunehmend spärlicher mit Futtersaft versorgt und muss sich schließlich zum Teil von Honig ernähren. Diese Schlankheitskur macht sie wieder flugfähig. Nur so kann sie am Schwarmauszug teilnehmen.

5.15 Eine neue Königin erblickt das Licht der Welt. Tatsächlich spielt sich der Schlupfvorgang, wie alles im Bienenvolk, in der Regel in vollkommener Dunkelheit ab.

Ist das halbe Volk als so genannter Vorschwarm oder Primärschwarm mit der alten Königin entschwunden, dauert es etwa eine Woche, bis die erste von meist mehreren Jungköniginnen schlüpft (Abb. 5.15).

Begegnen sich Jungköniginnen im Nest, kommt es zu einem tödlichen Zweikampf. Eine der Kontrahentinnen bleibt dabei auf der Strecke (Abb. 5.16). Das Heranziehen von Jungköniginnen, die sich dann gegenseitig töten, erscheint nicht sonderlich nützlich. Daher werden solche Kämpfe meist vermieden. Das geschieht in den meisten Fällen dadurch, dass die erstgeborene Jungkönigin rasch mit einem weiteren Teil des Volkes als Nachschwarm das Nest verlässt. Es kann vorkommen, dass sich

wenig später geborene Königinnen einem solchen Nachschwarm anschließen, was den tödlichen Zweikampf aber nur an einen anderen Ort verlagert.

Ein weiterer Mechanismus, der das gegenseitige Töten der wertvollen Jungköniginnen verhindern hilft, besteht in einer vibratorischen Kommunikation, in die die erstgeborene Königin und die noch ungeborenen Königinnen eintreten. Diese Unterhaltung ist derart auffallend, dass sie von einem menschlichen Beobachter akustisch sogar noch aus einiger Distanz vom Stock wahrgenommen werden kann. Die erstgeborenen Jungköniginnen „tüten" nach dem Schlüpfen aus ihrer Zelle. Auf dieses Signal hin verharren die umstehenden Arbeiterinnen in Ruhe und unterbre-

5.16 Begegnen sich Jungköniginnen im Nest, kommt es zu einem tödlichen Zweikampf, bei dem vom Giftstachel rücksichtslos Gebrauch gemacht wird.

chen damit auch eine eventuell bereits begonnene Hilfeleistung zur Befreiung der nächstschlüpfenden Königinnen aus ihren Zellen. Gelegentlich kommt als Antwort auf das „Tüten" ein „Quaken" von den noch in den Weiselwiegen befindlichen Königinnen. Einer Deutung dieses auffallenden Wechselgesanges zufolge verzögert die schlupfbereite Königin ihren Austritt aus der Weiselwiege, um einem Kampf aus dem Weg zu gehen. Der Superorganismus hätte somit einen weiteren Mechanismus zur Verfügung, der verhindert, dass sich die wertvollen Jungköniginnen gegenseitig umbringen.

Das Auftreten von Drohnen in einer Bienenkolonie wird architektonisch angekündigt. Die Ereigniskette klingt phantastisch: Arbeitsbienen bauen Zellen in zwei klar getrennten Größenklassen. Sollen keine Drohnen erzeugt werden, die ja außerhalb der Fortpflanzungsperiode nur unnütze Fresser wären und der Kolonie quasi auf der Tasche lägen, besitzen alle Zellen einen Durchmesser von 5,2–5,4 Millimetern. Werden Drohnen gebraucht, kommen am Rande des Nestes ein paar tausend Zellen hinzu, die einen Durchmesser von 6,2–6,4 Millimetern aufweisen und immerhin etwa zehn Prozent des gesamten Zellbestandes eines Volkes ausmachen können (Abb. 5.17).

Der Durchmesser der Zellen wird von der Königin mit ihren Vorderbeinen ertas-

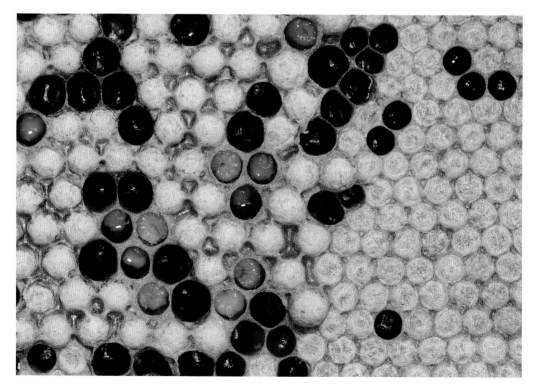

5.17 Gedeckelte Brutnestregion mit flach verdeckelten Arbeiterinnenzellen (rechts) und kugelig geschlossenen Drohnenzellen (links). Kleinere Arbeiterinnenzellen und größere Drohnenzellen manipulieren das Verhalten der Königin. In kleine Zellen legt sie besamte, in große Zellen unbesamte Eier ab.

tet. Stößt sie auf eine Zelle mit kleinem Durchmesser, legt sie ein befruchtetes Ei, aus dem dann ein weibliches Wesen wird. Stößt sie auf eine Zelle in Maxiformat, legt sie ein unbefruchtetes Ei und hat somit die Weiche zu einem künftigen Drohn gestellt. Die Maschinerie im Geschlechtsapparat der Biene, die einige wenige Spermien zu einer Eizelle durchlässt oder diesen Zugang verhindert, muss extrem zuverlässig regelbar sein. Es ist also nicht die Königin, die bestimmt, welches Geschlecht entsteht, sondern die Festlegung dafür geht vom Volk aus. Die Königin ist lediglich Ausführungsorgan.

Eine hohe Messlatte – das Ausmustern von Königinnen

Das Volk stellt auch fest, wann eine Königin besser ausgewechselt werden sollte. In der Regel ist es eine alte Königin, die ersetzt werden soll. Das macht Sinn, denn der Spermienvorrat, aufgenommen auf den Hochzeitsflügen, ist irgendwann aufgebraucht. Eine alte Königin produziert auch nur noch geringe Mengen Königinnenpheromon, dessen Konzentration im Nest die Anwesenheit einer legeaktiven Majestät anzeigt. Es sind in erster Linie die Hofstaatbienen, die eine Königin häufig belecken und so von deren Körperoberfläche den Königinnenduft aufnehmen (Abb. 5.18). Durch ständigen Futteraustausch wird dieser Duft dann unter allen Arbeitsbienen im Nest verteilt und so die Botschaft über Anwesenheit und Zustand der Königin weitergegeben.

Sinkt im Nest die Konzentration des königlichen Parfüms unter einen bestimmten Wert, wird eine Ersatzkönigin herangezogen.

Aber nicht nur eine derartige, für das Volk fatale Extremsituation ruft den Ersetze-die-Königin-Mechanismus des Bienenvolkes auf den Plan. Auch äußerliche Handicaps, die einem menschlichen Beobachter eher belanglos erscheinen, haben diese Wirkung. Fehlt einer Königin ein Bein (Abb. 5.19), so kann sie trotz dieses Verlustes ungehindert weiter für Nachwuchs sorgen. Aber offenbar ist die Messlatte für eine perfekte Königin hoch angesetzt. Schon bei derart geringen Normabweichungen wird eine neue Königin nachgezogen, mit vorhersehbarem Ausgang für die fünfbeinige Queen. Bei derartigen „stillen Umweiselungen" kann es aber auch vorkommen, dass die alte Königin nach erfolgtem Hochzeitsflug der neuen Königin noch eine ganze Zeit in der gleichen Kolonie lebt und Eier legt, ohne belästigt zu werden.

5.18 (folgende Doppelseite links) Arbeiterinnen des Hofstaates belecken die Königin und nehmen so ihr Pheromon auf. Durch die Trophallaxis, die Fütterkontakte zwischen allen Bienen, wird das königliche Parfüm dann im Volk verteilt.

5.19 (folgende Doppelseite rechts) Diese fünfbeinige Königin hat die Erfolgskriterien ihres Volkes nicht mehr erfüllt und die Arbeiterinnen zu einem „stillen Umweiselungsversuch" veranlasst. Sie haben sich eine neue Königin herangezogen.

5.20 Muss nach dem plötzlichen Tod einer Königin sehr rasch Ersatz herangezogen werden, werden Notfall-Weiselwiegen auch aus altem Wachs zusammengekratzt.

Die Weiselzellen zur Schaffung der Ersatzköniginnen sind leicht erkennbar. Anders als die Weiselwiegen zur regulären Jungköniginnenzucht hängen sie auch nicht am Wabenrand, sondern stehen mitten auf einer Wabe. Durch einfaches Verlängern einer regulären Wabenzelle entstehen diese Nachschaffungszellen (Abb. 5.20).

Dieses Ersatzsystem funktioniert auch dann, wenn eine Königin plötzlich verstirbt. Allerdings nur, wenn das Volk zu diesem Zeitpunkt kleine Larven besitzt. Dann hat eine einzige aller 1,5 bis 3 Tage alten Larven eines Volkes dank Spezialfütterung eine majestätische Karriere vor sich. Deren Zelle wird hektisch verlängert und zu einer kleinen Weiselwiege ausgebaut. In einer solchen Notsituation reicht oft die Zeit nicht aus, Wachsdrüsen zu aktivieren und frisches Wabenwachs herzustellen. Diese Notfallzellen werden dann aus altem zusammengekratzten Wabenwachs errichtet. Ist zum Zeitpunkt des Todes der Königin keine geeignete Brut im Volk vorhanden, bedeutet dies das Ende der Kolonie. Soweit lassen es die Bienen in aller Regel aber nicht kommen.

Die junge Ersatzkönigin geht bald auf ihren Hochzeitsflug und wird mit dem neuen Erbgut, das sie dabei für die Kolonie mitbekommt, über die neu entstehenden Bienen eine kontinuierliche Veränderung im Genbestand und damit der Eigenschaften der Kolonie bewirken.

6

Schwesternmilch – Designerfood im Bienenvolk

Die Larven der Honigbienen ernähren sich von einem Drüsensekret der erwachsenen Bienen, dessen Funktion der Muttermilch von Säugetieren entspricht.

Honigbienen sind Insekten, die im Laufe ihres Lebens eine vollständige Verwandlung durchmachen. Die gut unterscheidbaren Stufen dabei sind Ei, mehrere Larvenstadien, Puppe und schließlich erwachsene Biene. Insofern schlagen die Honigbienen einen der beiden Standardwege der Insektenverwandlung ein. Insektenlarven ernähren sich von pflanzlicher oder tierischer Kost, die sie sich selbst suchen oder womit sie von den Eltern versorgt werden.

Honigbienen ernähren ihre Larven mit Schwesternmilch, einem Sekret, das von Ammenbienen in bestimmten Drüsen des Kopfes erzeugt wird. Diese maßgeschneiderte Fütterung des Nachwuchses eröffnet Möglichkeiten, die entstehenden Bienen zu manipulieren, wobei die Erschaffung einer neuen Königin der auffallendste Einsatz dieser Option ist.

Eine Königin legt im Sommer täglich zwischen 1 000 und 2 000 Eier, jedes in eine eigene Zelle (Abb. 6.1, 6.2). Durch diese enorme Legeleistung von einem bis zwei Eiern pro Minute setzt eine Königin täglich etwa ihr eigenes Körpergewicht an Eiern ab. Auf den Menschen übertragen hieße dies, eine Frau würde ihrem Körpergewicht entsprechend einen Sommer lang Tag für Tag etwa 20 Säuglinge gebären.

6.1 Königin kurz vor der Eiablage. Damit sie sich rückwärts richtig ausrichten kann, helfen Arbeitsbienen, ihre Hinterleibsspitze in die vorher ausgewählte Zelle zu bringen.

6.2 Die Königin hat ihren Hinterleib bis auf den Grund einer Zelle gesenkt, um dort ein Ei zu platzieren.

6.3 Eine junge Arbeitsbiene reinigt gründlichst eine leere Zelle im Brutnest und bereitet sie so für die Eiablage der Königin vor.

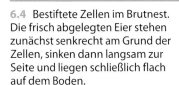

6.4 Bestiftete Zellen im Brutnest. Die frisch abgelegten Eier stehen zunächst senkrecht am Grund der Zellen, sinken dann langsam zur Seite und liegen schließlich flach auf dem Boden.

6.5 Im Ei (links) entwickelt sich der Bienenembryo über eine Zeitspanne von drei Tagen. Danach schlüpft die kleine Bienenlarve (Mitte) und wird sofort mit Futtersaft versorgt (rechts).

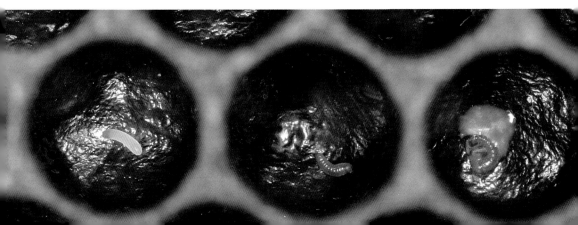

6.6 Die kleinen Larven ernähren sich vom Futtersaft, dem Gelee Royale, den die Ammenbienen in ihren Kopfdrüsen produzieren.

6.7 Große Larven erhalten als Futter zunehmend Pollen und Honig.

Vor der Eiablage werden die Zellen von jungen Arbeitsbienen gründlich gereinigt (Abb. 6.3).

Im abgelegten Ei (Abb. 6.4) findet die drei Tage dauernde Entwicklung des Embryos statt, nach deren Abschluss dann eine winzige Larve die Eihülle verlässt (Abb. 6.5).

Die Wege für Arbeiterin, Drohnen und Königin trennen sich erkennbar. Alle durchlaufen zwar in Folge fünf Larvenstadien (Abb. 6.6.–Abb. 6.8.), das Larvendasein dauert aber unterschiedlich lange: Arbeiterinnen nehmen dabei die zeitliche Mitte ein (Abb. 6.9), am längsten dauert diese Spanne für die Drohnen (Abb. 6.10) und am kürzesten für die Königin (Abb. 6.11). Die Gewichtszunahme der Larven ist enorm. Innerhalb von nur fünf Tagen erhöht sich ihr Körpergewicht um den Faktor 1 000. Das würde auf den Menschen übertragen bedeuten, dass ein Säugling fünf Tage nach seiner Geburt 3,5 Tonnen wöge.

Die rasche Entwicklung der Königin ist offenbar das Resultat eines zeitlichen Wettlaufes unter den Jungköniginnen: Wer zuerst schlüpft hat die Chance, die noch ungeborene Konkurrenz in ihrer Weiselwiege abzustechen.

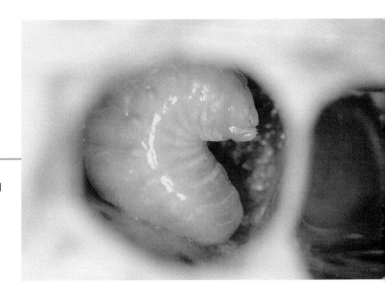

6.8 An ihrem zehnten Lebenstag streckt sich die Larve in die Länge und beginnt sich einzuspinnen. Arbeitsbienen verschließen die Zellen von außen mit einem Wachsdeckel.

6.9 Eine junge Arbeiterin verlässt ihre Kinderstube.

6.10 (folgende Doppelseite links) Schlüpfender Drohn. Der Zelldeckel wurde von der schlüpfenden Biene von innen und mit Hilfe der Arbeiterinnen von außen aufgesägt und zur Seite geklappt.

6.11 (folgende Doppelseite rechts) Die neue Königin verlässt die Weiselwiege, eine besonders gebaute Zelle, in der sie sich entwickelt hat.

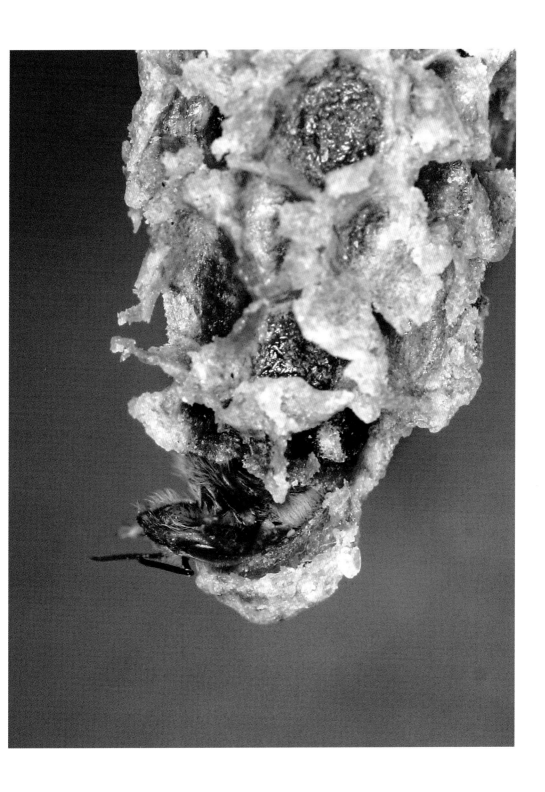

6.12 Zu Beginn des Puppenstadiums ziehen Arbeiterinnen einen Wachsdeckel über die Zelle. Die Umwandlung zur Biene findet in strenger Klausur statt.

Das letzte Larvenstadium aller drei Bienentypen ist so groß, dass es in gestrecktem Zustand die gesamte Zelle ausfüllt (Abb. 6.12). In diesem Streckmaden-Larvenstadium spinnt sich die Larve im Innern der Zelle einen Kokon aus einem Faden, den sie aus Drüsensekret herstellt. Zu diesem Zeitpunkt wird die Zelle von den Arbeitsbienen mit einem Wachsdeckel versehen (Abb. 6.9), unter dem sich über ein zwischengeschaltetes Puppenstadium die Verwandlung zur erwachsenen Honigbiene vollzieht. Der Zelldeckel ist luftdurchlässig, so dass Gasaustausch möglich ist und Duftstoffe mit Signalfunktion in beide Richtungen durchtreten können.

Eine aus ihrer Eihülle schlüpfende Bienenlarve kommt in ein Schlaraffenland. Am Zellboden haben Ammenbienen eine dicke Suppe reinen Gelee Royale platziert. Das Gelee Royale ist ein Sekretgemisch, dessen Bestandteile in der Hypopharynxdrüse und in der Mandibeldrüse im Kopf der Biene erzeugt werden. Über die Austrittsöffnung auf jeder Mandibelinnenseite werden kleine Tröpfchen freigesetzt und in den Zellen zu den Larven abgesetzt (Abb. 6.13). Diese Ammenbienen sind in der Regel Jungbienen zwischen ihrem fünften und fünfzehnten Lebenstag, die erhebliche Mengen an Pollen fressen müssen, um ihre Gelee-Royale-bildenden Drüsen mit den nötigen Ausgangssubstanzen zu versorgen. Bei Arbeitsbienen, die kein Gelee Royale produzieren, bilden sich diese Drüsen zurück. Sie können allerdings bei Bedarf nach ihrer Rückbildung erneut aktiviert werden. Auch dies ist ein Ausdruck für die enorme Plastizität des Superorganismus Bienenstaat und seiner Mitglieder.

Die Junglarven nehmen kein einziges Molekül Nahrung zu sich, das nicht von den Ammenbienen hergestellt worden ist. Sie ernähren sich ausschließlich von Designerfood. Eine derartige Ernährungsform der Jungen finden wir bekanntlich bei den Säugetieren, was der ganzen Gruppe ihren Namen eingebracht hat. Bienen erzeugen keine Muttermilch, aber eine echte Schwesternmilch zur Versorgung ihrer Geschwister (Abb. 6.13).

Die Menge an Schwesternmilch, die eine Bienenlarve im Laufe ihres „Wurmdaseins" verzehrt, summiert sich auf etwa 25 Milligramm, gleich 25 Mikroliter. Bei einer Jahresaufzucht von 200 000 Bienen pro Kolonie beläuft sich die Gesamtmenge an Schwesternmilch, die der Superorganismus erzeugt, nach dieser Rechnung auf jährliche fünf Liter.

Auch ältere Larven werden mit Schwesternmilch gefüttert, die aber zunehmend mit Pollen und Honig vermischt wird. Das letzte Larvenstadium erhält kein Gelee Royale mehr. Wenn aber doch, entwickelt sich die Larve zu einer Königin (Abb. 6.14). Es ist aber nicht nur die Zeitspanne der Larvenversorgung mit Gelee Royale, die bestimmt, ob die Weiche in Richtung Arbeiterin oder in Richtung Königin gestellt wird, sondern auch die Zusammensetzung der Schwesternmilch kann verändert werden: Ein Zuckeranteil von 35 Prozent Hexose-Zucker führt zu einer Königin, beträgt dieser Gewichtsanteil lediglich um die 10 Prozent, entwickelt sich eine einfache Arbeiterin. Offenbar können die Entwicklungsprogramme der Bienenlarven durch „Süßigkeiten" entsprechend geschaltet werden.

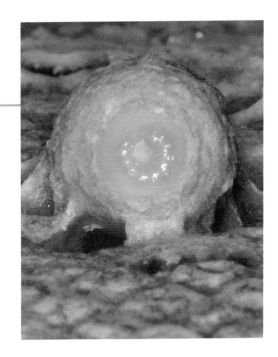

6.14 Die Larven, die sich zu Königinnen entwickeln sollen, werden auch als große Larven ausschließlich mit Gelee Royale gefüttert. Da die Weiselwiegen mit der Öffnung nach unten hängen (diese Abbildung zeigt eine Ansicht von unten), ist der Futtersaft zugleich Klebstoff, der das Herausstürzen der Königinnenlarven verhindert.

Die Schwesternmilch ist also eine „Umweltbedingung", die zur Entwicklung einer Königin oder aber „nur" zu einer Arbeiterin führt. Sterile Arbeiterin und fertile Königin repräsentieren die beiden Kasten eines Bienenvolkes. Die Festlegung auf eine der beiden Kasten erfolgt also nahrungsbedingt. Königinnenlarven werden bis zu zehnmal häufiger von Ammenbienen aufgesucht als Arbeiterinnenlarven. Die Larven, die sich in Richtung Königin entwickeln, können somit sehr viel häufiger und auch größere Mengen Gelee Royale zu sich nehmen. Dieser Unterschied in Quantität wie auch Qualität der Schwesternmilch setzt in den Larven komplizierte biochemische Reaktionsketten, wenn nicht sogar ein komplexes biochemisches Netzwerk, in Gang. Menge und Zeitpunkt der Hormonbildungen in den Larven spielt dabei die entscheidende Rolle für die Ausbildung der Unterschiede zwischen den beiden Bienenkasten Arbeiterin und Königin.

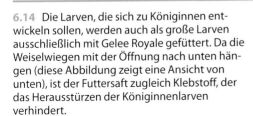

6.13 Die Ammenbienen bilden in ihren Kopfdrüsen eine „Schwesternmilch", die aus einer Öffnung auf der Innenseite der Mandibelbasis austritt (Pfeil), sich an der Mandibelspitze sammelt (Einschaltbild) und zu den Larven in die Zellen gepackt wird.

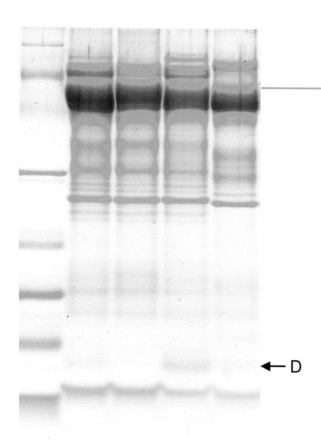

6.15 Die gelelektrophoretische Auftrennung des Gelee Royale zeigt die hochmolekularen Bestandteile dieses von den Bienen erzeugten Substanzgemisches. Die einzelnen waagrechten Linien entsprechen unterschiedlichen Proteinen. Die mit „D" bezeichnete Bande ist Defensin, ein Eiweißstoff, der die Larven vor Infektionen schützt. In dieser Darstellung ist die linke Probe ein Gemisch von vorher bekannten Substanzen, die der Eichung der Untersuchung dienen. Alle anderen Auftrennungen zeigen Gelee Royale unterschiedlicher Bienenrassen. Das im Text angesprochene Defensin ist bei allen Honigbienen zu finden und hier durch einen Pfeil und „D" markiert.

Das Gelee Royale als Designerfood im Bienenstock ist der Ausgangspunkt für unterschiedliche Entwicklungswege der Bienen. Die „Umweltbedingung", die für die Kastendetermination verantwortlich ist, ist hausgemacht. Also auch hier ein Beispiel für die Besonderheit, auf die man im Bienenvolk immer wieder stößt: Ihre Lebens- und Entwicklungsbedingungen schaffen sich die Bienen selbst.

Gelee Royale hat auch eine außerordentlich wichtige Funktion für die Gesundheit des Bienenvolkes. Ähnlich der Mutter-milch der Säugetiere verleiht die Schwesternmilch der Honigbienen den Larven auf ihrem ersten Lebensabschnitt nämlich einen Immunschutz gegenüber bakteriellen Infektionen. Eine der Hauptinfektionswege für Larven ist ein Eindringen von Pathogenen durch den Darm. Dort treffen Krankheitskeime dann auf die Schwesternmilch und deren Abwehrstoffe. Dabei kommt der Eiweißsubstanz Defensin eine besondere Bedeutung zu.

Bestimmt man die chemischen Bestandteile des Gelee Royale (Abb. 6.15. siehe

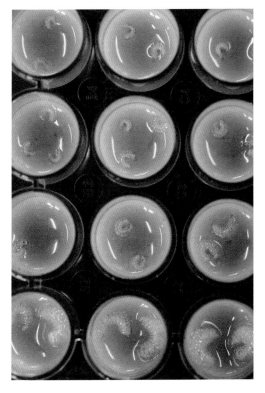

6.16 Es ist möglich, Honigbienen, angefangen vom Schlupf der kleinen Larven über das Puppenstadium bis zum Schlupf der erwachsenen Bienen, in Einzelaufzucht per Hand großzuziehen (links) und so die Verhältnisse in einem Brutnest nachzuahmen (rechts).

auch Abbildung Epilog), so finden sich neben bereits aufgeklärten Substanzen weitere Bausteine, deren Bedeutung für die Entwicklung und Gesundheit der Bienen noch unklar ist.

Mit geeigneten Labormethoden lassen sich Honigbienen vom Schlupf der Larven aus der Eihülle (Abb. 6.16) über alle Larvenphasen und die Puppenphase bis zur erwachsenen Biene einzeln per Hand aufziehen. An solchen einzeln handaufgezogenen Tieren lässt sich durch experimentelle Veränderung der Zusammensetzung der „Schwesternmilch" die Rolle der einzelnen Bestandteile des Gelee Royale für Entwicklung, Kastendetermination und Gesundheit der Bienen studieren.

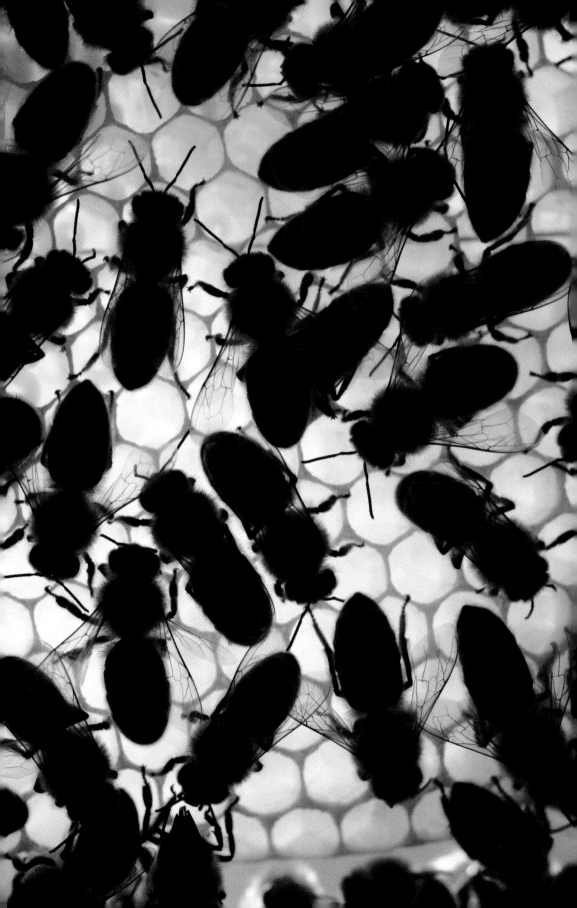

7

Das größte Organ der Bienenkolonie – Wabenbau und Wabenfunktion

Eigenschaften der Waben sind integraler Bestandteil des Superorganismus und tragen damit zur Soziophysiologie des Bienenvolkes bei.

Dem Nest der Honigbienen kommt als sichtbare Klammer des Superorganismus eine Schlüsselstellung zu. Seine Bedeutung für das Funktionieren der Bienenkolonie ist dabei sehr viel tiefer gehend, als es der Vorstellung von einem Nest im Allgemeinen entspricht. Ein Nest lässt sich aus Materialien der Umgebung errichten, und man findet darin Schutz. Der Wabenbau der Bienen dagegen ist im wahrsten Sinne ein Teil der Bienen. Auch die Betrachtung der Waben als „eingefrorenes Verhalten der Bienen" erfasst die Situation nicht. Eingefrorenes Verhalten sind auch die Fußspuren von Möwen im Schlick des Watts. Diese Fußspuren wirken aber in keiner Weise auf das Leben der Möwe zurück, es sei denn, sie bringen Räuber auf ihre Spur. Die Waben als „Spuren der Bienen" bestimmen dagegen Eigenschaften und Leben der Bienen. Als Kombination aus vorgefundenen Höhlen, zumindest in den gemäßigten Breiten, und den wächsernen Waben ist das Nest nicht nur Wohnraum, Speicherplatz und Kinderstube, sondern es ist ein Teil des Superorganismus: Skelett, Sinnesorgan, Nervensystem, Gedächtnisspeicher und Immunsystem. Die Waben und das Wachs, aus dem sie gebaut sind, werden nicht nur komplett von den Bienen produziert, sondern sie sind untrennbar mit dem Leben und dem Funktionieren des Superorganismus verbunden.

Die Bienenwabe – ein Organ des Superorganismus

Materie, Energie und Information sind die drei Größen, auf denen jedes Leben aufbaut. Das Studium der Physiologie von Einzelorganismen untersucht, wie diese drei fundamentalen Größen in Lebewesen räumlich und zeitlich organisiert sind. Im Detail werden dabei die Kräfte und Mechanismen betrachtet, die diese so unterschiedlichen Fundamente des Lebens kontrollieren und modulieren.

Die Waben sind integraler Teil der Bienenkolonie, weil sie mit ihrer Struktur in vielfacher Hinsicht eine unverzichtbare Rolle für die Kanalisierung von Materie, Energie und Information durch den Superorganismus Bienenvolk spielen. Das Nest ist für die Honigbienen keine Umwelt im klassischen Sinne, an die sich Bienen im Laufe der Evolution angepasst haben, sondern ist als von den Bienen geschaffene Umgebung ein Teil der Kolonie, der den gleichen Gesetzen der Evolution ausgesetzt ist wie jedes andere Organ oder jede andere Eigenschaft der Honigbienen. Die Sammelbienen verlassen die Waben nur zu ihren Ausflügen und verbringen in der Summe mehr als 90 Prozent ihres Bienenlebens in oder auf den Waben. Allein dieser ausgedehnte Zeitraum des Lebens auf der Wabe macht deutlich, dass es unzählige Möglichkeiten der Wechselwirkungen zwischen den Bienen und ihren Waben als Teilen des Superorganismus gibt.

Der große französische Physiologe Claude Bernard (1813–1878) formulierte im Jahre 1850 die für die Lebenswissenschaft folgenreiche Vorstellung vom *milieu intérieur*, einer „Umwelt" innerhalb des Organismus, die sich in ihren Eigenschaften deutlich von der Umwelt außerhalb des Organismus unterscheidet. Dabei wird die innere „Umwelt" exakt geregelt, während die Außenwelt, das *milieu extérieur*, vom Organismus nicht geregelt werden kann. Der geregelte innere Zustand wird Homöostase genannt.

Was aber, wenn wie im Falle der Honigbienen die selbst geschaffene Umgebung in die Aufrechterhaltung einer Homöostase mit eingeschlossen ist? Dann lässt sich die Unterscheidung zwischen *milieu intérieur* und *milieu extérieur* streng genommen doch gar nicht mehr treffen. Ohne die weit reichenden Folgen dieses Verdachtes hier auszuleuchten, wird angesichts keiner klar erkennbaren, dem Modell von Bernard entsprechenden Grenze zwischen innen und außen auf jeden Fall deutlich, dass das Nest ein integraler Bestandteil der Soziophysiologie des Superorganismus Bienenvolk ist. Das Nest ist somit mit all seinen Eigenschaften im Laufe der Evolution gemeinsam mit dem „Bienenanteil" des Superorganismus entwickelt worden. Die Eigenschaften des Nestes sind Teil des Superorganismus und tragen damit genau so zur Soziophysiologie und zur evolutionsbiologischen Fitness des Bienenvolkes

bei, wie der Stoffwechsel oder die Kommunikationsfähigkeit der einzelnen Bienen. So wie die Evolution das Nervensystem der Bienen als Teil der Bienen gestaltet hat, hat sie auch die Bienenwabe als Teil der Biene gestaltet.

Die Wachsfabrik

Honigbienen erzeugen den Baustoff für die Waben selbst und gehören somit auch in diesem Punkt zur Elite unter den Tieren. Das Wachs entsteht in insgesamt acht Drüsenfeldern, die auf der Bauchseite von vier Hinterleibssegmenten der Bienen paarig angeordnet sind. Diese Areale, unter denen sich die Wachsdrüsen ausbreiten, sind auf der Körperoberfläche der Bienen als glatte Flächen, die so genannten Wachsspiegel, gut auszumachen (Abb. 7.1). Die Wachsdrüsen brauchen einige

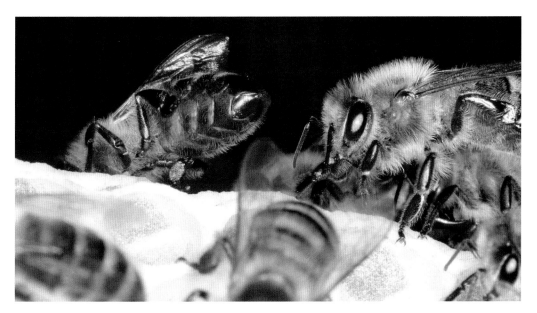

7.1 Auf der Bauchseite des Hinterleibes der Bienenarbeiterin befinden sich acht glatte Felder, die Wachsspiegel, auf denen das in Drüsen gebildete Wachs austritt und zu kleinen Schuppen erhärtet.

7.2 Besteht Baubedarf im Bienenvolk, entwickeln Arbeitsbienen ihre Wachsdrüsen unterhalb der acht Wachsspiegel und „schwitzen" pro Arbeitsgang acht Schuppen aus.

Tage, bis sie ihre volle Größe erlangen. Sie erreichen ihre größte Leistungsfähigkeit bei Arbeitsbienen etwa zwischen dem zwölften und dem achtzehnten Lebenstag. Danach bilden sie sich wieder zurück. Sollten es äußere Umstände jedoch erforderlich machen, werden auch alte Bienen wieder „wachsdrüsenjung": Besteht eine Bienenkolonie durch künstliche Eingriffe nur noch aus alten Bienen, entwickelt ein stattlicher Anteil der Tiere seine Wachsdrüsen wieder zu voller Leistungsfähigkeit. Diese Plastizität altersabhängiger Fähigkeiten erstreckt sich auf viele Bereiche im Leben der Bienen, nicht nur auf die Wachsproduktion und deren bedarfsweisen Einsatz. Eine hohe Plastizität in Anatomie, Physiologie und Verhalten sind ein markantes Kennzeichen der Bienenbiologie.

Ist das Wachs auf die Körperoberfläche der Bienen ausgetreten, erstarrt es zu hauchdünnen Schuppen von der Größe der Hautschuppen, die eine trockene menschliche Kopfhaut abstößt (Abb. 7.2).

Die körpereigene kontrollierte Herstellung des Baumaterials ist eine Eigenheit

7.3 Die Wachsschuppen werden von den Spiegeln des Hinterleibes mit „Nagelbrettern" der Hinterbeine aufgespießt und nach vorne durchgereicht.

der Honigbienen mit weit reichenden Folgen für ihre gesamte Biologie. Die Bienen können auf diese Weise wesentliche Eigenschaften ihres Wabenbaurohstoffs selbständig bestimmen. Das ist einem Handwerker vergleichbar, der zwischen seinen Rippen Bausteine herausschwitzt und dabei sogar noch deren Eigenschaften beeinflusst und so spezifische Kundenwünsche erfüllen kann.

Wenn die Schuppen vom Bienenbauch nicht gleich zu Boden fallen, werden sie von der Biene mit einem speziell vergrößerten Segment des Hinterfußes aufgespießt (Abb. 7.3) und über Mittelbeine und Vorderbeine nach vorne zu den Mundwerkzeugen durchgereicht (Abb. 7.4).

Im Mundbereich wird die Schuppe mit den beiden Mandibeln durchgeknetet und mit dem Sekret der Mandibeldrüse ver-

mischt. So wird das Wachs in eine Konsistenz gebracht, mit der die Biene gut arbeiten kann. Für diesen Aufbereitungsprozess benötigt eine Arbeitsbiene pro Wachsschuppe einen Zeitaufwand von etwa vier Minuten. Aus 100 Gramm Wachs werden etwa achttausend Zellen erschaffen. Für diese 100 Gramm Wachs sind rund 125 000 Wachsplättchen notwendig (Abb. 7.5).

Die Wachsproduktion eines Volkes ist besonders nach dem Bezug einer neuen Wohnhöhle eine enorme Energieleistung. Ein Bienenschwarm, der in seiner neuen Behausung alle Waben neu anlegen muss, muss zur Erzeugung von 1 200 Gramm Wachs die Energie aus etwa 7,5 Kilogramm Honig investieren. Aus diesen 1 200 Gramm Wachs erbauen die Bienen im Laufe der Zeit etwa 100 000 Zellen, was der Größe eines mittleren Nestes entspricht.

7.5 Ist ein Volk im Nestbaustress, regnet es regelrecht Wachsschuppen auf den Boden der Nesthöhle, wo sie wie hier zwischen herabgefallenen Pollenpaketen liegen.

Der Wabenbau

Direkt nach dem Schwärmen liefert der aus dem alten Nest mit auf die Reise genommene Honigvorrat nur Energie zur Erzeugung von etwa 5 000 Zellen als Startbehausung. Da aber sofort das Sammelverhalten aufgenommen wird, kann sehr bald weitergebaut werden.

7.4 Arbeiterinnen kneten die Wachsklümpchen mit ihren Mundwerkzeugen und fügen dem Wachs dabei Enzyme zu, die es noch leichter bearbeitbar machen.

Beginnen die Bienen in einer Höhle mit dem Wabenbau, starten sie am Höhlendach. Zunächst noch vollkommen ungeordnet, kleben sie mit ihren Mundwerkzeugen Wachsklümpchen an den Untergrund. Für jede neue Wabe können sie dabei durchaus an mehreren Stellen gleichzeitig beginnen. Die Startpunkte dieser Klebeaktionen werden zufällig ausgewählt (Abb. 7.6). Sind solche Fixpunkte jedoch einmal entstanden, beeinflussen sie die Folgeaktivitäten der Baubienen.

Die so entstehenden, noch recht dicken Wachsgebilde entwickeln sich aufeinander zu, indem die nächsten Bienen ihre Wachs-

7.6 Der Bau einer neuen Wabe beginnt mit zufällig verteilten Wachsklümpchen am Dach der künftigen Behausung.

fracht nicht mehr wie zu Beginn des Wabenbaus irgendwohin platzieren, sondern bevorzugt an bereits bestehende Wachsschichten anbauen. Der französische Entomologe P. P. Grasse bezeichnete in einer 1959 erschienenen Arbeit einen solchen Mechanismus, der zum Errichten von Strukturen keinerlei Kommunikation zwischen den bauenden Tieren erfordert, als Stigmergie. Da es den Bienen angeboren ist, Wachsklümpchen dort anzukleben, wo sich bereits Wachs befindet, entstehen so rasch dickere Wachslagen. Während diese Wachslagen an einigen Stellen weiter verdickt werden, ziehen gleichzeitig andere

Bienen das Wachs an vielen Stellen allmählich zu den länglichen Zellen aus.

Dabei treffen sich die einzelnen Bausektoren der Wabe so exakt, dass im fertigen Werk kaum eine Unregelmäßigkeit im Zellmuster erkennbar wird (Abb. 7.7).

7.7 Es kommt nicht selten vor, dass mehrere Bautrupps an unterschiedlichen Stellen gleichzeitig mit dem Wabenbau beginnen. Das führt aber zu keinen echten Problemen. Wie ein Reißverschluss treffen sich die Wabenteile zu einem gut gefügten Ganzen.

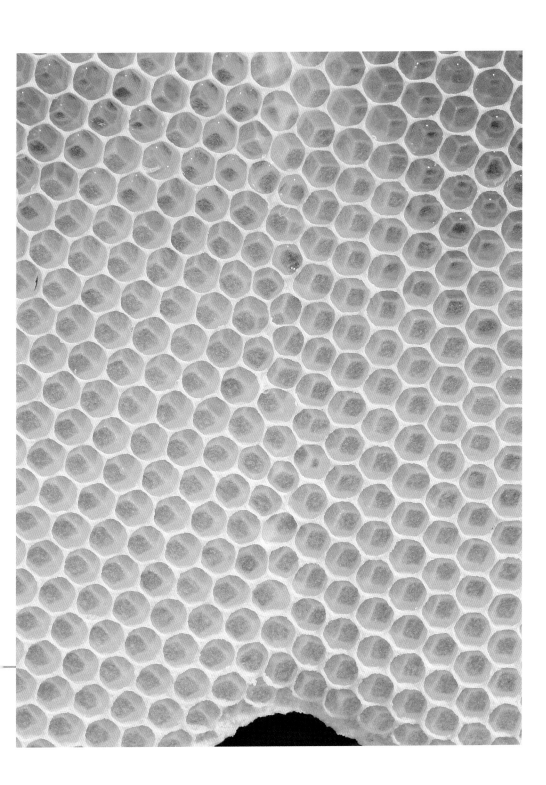

7.8 Es ist vollkommen unklar, worin die Funktion der Bauketten besteht, die von den Bienen dort gebildet werden, wo neue Waben angelegt oder defekte Waben ausgebessert werden.

Viele Bienen bilden in diesem Stadium lebende Ketten zwischen dem Rand der entstehenden Wabe und der Höhlenwand. Sie verhaken sich gegenseitig mit ihren Beinen und bleiben so über lange Zeiträume unbeweglich hängen (Abb. 7.8). Die Bedeutung dieses auffallenden Bienenverhaltens ist vollkommen unbekannt. Dienen sie als „Räuberleiter" für Bienen, die heruntergefallene Wachschuppen vom Boden der Nesthöhle aufsammeln und hoch zur Baustelle bringen? Wir wissen es nicht. Beobachtungen hierzu fehlen bis heute.

Das Erscheinungsbild der Zellen einer Wabe setzt jeden Betrachter in Erstaunen. Als erstes fällt die unglaublich regelmäßige Geometrie auf, die immer wieder Vorbild für künstlerische Ornamente ist (Abb. 7.9).

Befasst man sich mit den Details dieser Wabengeometrie, wird der erste Eindruck bestätigt: Hier ist durch die Tätigkeit eines Insektes ein Gebilde von unglaublicher Präzision entstanden. Die Dicke der Zellwände beträgt auf der gesamten Länge von mehr als einem Zentimeter genau 0,07 Millimeter. Alle Winkel zwischen den

7.9 Eine neue Wabe aus frischem weißen Wachs ist ein ästhetisch schöner Anblick.

glatten Wänden betragen 120 Grad (Abb. 7.10). Und die Waben hängen genau senkrecht, wobei jede Zelle nicht exakt waagrecht liegt, sondern um einen geringen Neigungswinkel zum Zellboden hin abfällt. Zudem beträgt der Abstand zwischen parallel hängenden Waben typischerweise 8–10 Millimeter.

Johannes Kepler, Galileo Galilei und viele andere große, mathematisch interessierte Geister waren von Bienenwaben fasziniert. Es erschien nicht abwegig, den Bienen einen mathematischen Verstand zuzusprechen, da es anderweitig schwer vorstellbar war, wie solche Präzision am Bau möglich ist.

Als immer mehr über die Physiologie der einzelnen Bienen bekannt wurde, war es noch am ehesten nachvollziehbar, wie das Erscheinungsbild der senkrecht hängenden und parallel ausgerichteten Waben zustande kommt (Abb. 7.11).

Honigbienen besitzen an all ihren Gelenken Sinneshaarpolster. Diese Polster werden gereizt, wenn die Schwerkraft einzelne Körperabschnitte der Bienen wie Pendel oder Hebel gegeneinander verschiebt (Abb. 7.12). Sinneszellen dieser

Polster können so die Richtung wahrnehmen, in der die Schwerkraft zieht. Und da es in den Höhlen, die sich die Bienen zum Nestbau aussuchen, in der Regel sehr dunkel ist, hilft ihnen ihr Sehsinn beim Wabenbau nicht.

Mithilfe ihrer Schweresinnesorgane (Abb. 7.12) geleitet, können die Bienen eine Wabenbaurichtung einhalten, die senkrecht nach unten orientiert ist. Der Abstand zwischen den Waben ergibt sich aus der Standhöhe der Bienen auf der Wabenoberfläche. Sie müssen beim Herumlaufen auf der Oberfläche benachbarter Waben noch problemlos Rücken an Rücken aneinander vorbei laufen können (Abb. 7.13). Und da die Bienen kein Raumvolumen verschenken, wird diese Minimaldistanz genau eingehalten.

Die so entstehenden Wabengassen bieten den Bienen auch die Möglichkeit, Luftströmungen zu Klimatisierungszwecken durch das Nest zu schicken. Nebeneinander hängende Waben sind nicht notwendigerweise bretteben, aber sie verlaufen parallel. Dabei hilft den Baubienen die Ausrichtung an den Feldlinien des Erdmagnetfeldes, das die Bienen mit uns noch unbekannten Sinnesorganen wahrnehmen können.

Doch wie entsteht das hochexakte Muster aus Einzelzellen? Der Mechanismus, der für die kristallartige Exaktheit der Zellgeometrie sorgt, mag enttäuschen, wenn man erfährt, dass sich dieses Muster in einem Selbstorganisationsprozess unter Beteiligung der Bienen ganz von allein ergibt. Aber gerade darin liegt die Genialität des Wabenbaues.

Der Schlüssel zu der kristallartigen Exaktheit der Wabenzellen liegt in Eigenschaften des Baustoffes Bienenwachs. Auch Wespen bauen Sechseckmuster, deren Geometrie jedoch recht großzügig gestaltet ist und die erkennbar aus rundlichen Zylindern zusammengesetzt sind (Abb. 7.14). Das Baumaterial der Wespen ist Papier, das sie aus Holzfasern und ihrem Speichel herstellen. Die Zellwände richten sich dann aufgrund der Zugspannung, die die umliegenden Zellen auf sie ausüben, einigermaßen gerade aus, was gut an den randständigen Zellen ablesbar ist, deren freie Außenseite gewölbt ist.

Die Zellen der Honigbienen sind dagegen perfekt geformt. Dabei sind die Bienen keineswegs exaktere Baumeister als die Wespen, aber das Wachs unterstützt als „aktiver Baustoff" das Baubemühen der Bienen.

7.10 Die geometrischen Details einer Bienenwabe haben den Menschen seit jeher fasziniert.

7.11 (folgende Doppelseite links) In einer Baumhöhle frei gebaute Waben hängen senkrecht und verlaufen zueinander parallel.

7.12 (folgende Doppelseite rechts) Die Richtung der Schwerkraft wird von den Bienen im Dunkel der Höhle genutzt, um die Waben ordentlich auszurichten. Schweresinnesorgane sitzen an allen Beingelenken und zwischen den einzelnen Körperabschnitten Kopf, Brust und Hinterleib.

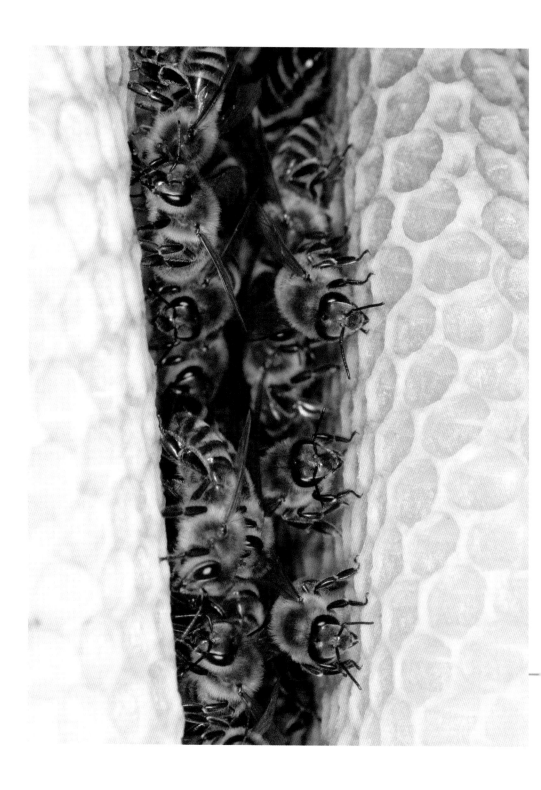

7.14 Wespen errichten ihre Nester aus einer Papiermasse, die sie aus zerkautem Holz selbst herstellen. Im Vergleich zur Wabe einer Bienenkolonie wirken die Wespenwaben geometrisch eher großzügig angelegt. Auf jeden Fall fehlen scharfe Kanten und exakte Winkel.

Zerlegt man das Bienenwachs in seine Bestandteile, erhält man über 300 unterschiedliche chemische Verbindungen. In ihrer Mischung ergeben sie eine Substanz, die in ihren physikalischen Eigenschaften einer Flüssigkeit entspricht, auch wenn das Wachs bei tieferen Temperaturen fest erscheint. Es ist die gleiche Situation, wie wir sie beim Glas vorfinden. Glas ist physikalisch gesehen eine Flüssigkeit, was zunächst doch recht verblüffen mag. Und

7.13 Den Abstand zwischen benachbarten, parallel hängenden Waben, die Wabengassenbreite, stellen die Bienen beim Errichten der Waben so ein, dass sich zwei Bienen problemlos Rücken an Rücken passieren können.

wieso das? Feste Körper haben einen klar definierten Schmelzpunkt, Glas dagegen wird beim Erwärmen zunehmend flüssiger. Das Gleiche gilt für Wachs. Allerdings erfolgen die Veränderungen, die mit steigender Temperatur an Wachs zu beobachten sind, nicht gleichmäßig. Betrachtet man die innere Feinstruktur von Wachsschichten, so trifft man auf drei Grundzustände: den hochgeordneten kristallinen Zustand, in dem die Wachsmoleküle sehr exakt parallel ausgerichtet sind, und das andere Extrem, den amorphen Zustand, in dem die Moleküle ungeordnet durcheinander liegen. Zwischen diesen Extremen herrscht ein pseudokristalliner Zustand, in dem man amorphe und kristalline Abschnitte nebeneinander findet. Erwärmte Wachse zeigen ein amorphes inneres Erscheinungsbild. Der Übergang von der kristallinen und pseudokristallinen Struktur zur amorphen Gestalt erfolgt mit steigender Temperatur nicht allmählich, sondern in zwei Sprüngen, bei etwa 25 Grad und bei etwa 40 Grad Celsius (so genannte Sprungtemperaturen). An diesen Sprungstellen ändert sich auch die Verschiebbarkeit der Wachsmoleküle gegeneinander deutlich und abrupt, was sich makroskopisch als Änderung in der Plastizität der Wachse äußert.

Diese Wachsphysik und die Fähigkeit der Honigbienen, ihre Körpertemperatur auf mehr als 43 Grad Celsius zu erhöhen, bilden die Grundlage für die Errichtung derart korrekter Waben. Ganz ohne hochtechnologischen apparativen Aufwand hat R. A. Remnant dies bereits im Jahre 1637 zutreffend beobachtet und geschrieben: »Die Hitze der Bienen macht das Wachs so warm und nachgiebig, dass sie es direkt nach dem Einsammeln bearbeiten und zweckentsprechend verwenden können.« Einem damals verbreiteten Irrtum ist aber auch Remnant aufgesessen: Man dachte, die Bienen sammeln das Wachs von den Blüten.

Beginnen die Bienen die Zellwände hochzuziehen, nutzen sie ihren eigenen Körper als Schablone und bauen um sich herum zylinderförmige Röhren. Die Böden der Zellen sind sauber ausgestrichene Halbkugeln und auch noch viele Wochen nach der Errichtung der Waben unverändert. Ihre typische sechseckige Form nehmen die zunächst rundlichen röhrenförmigen Zellen dadurch an (Abb. 7.15), dass die Bienen

7.15 Die Zellen werden zunächst als Zylinder angelegt und nehmen erst im Laufe der Zeit ihre exakt sechseckige Gestalt an.

die Temperatur des Wachses auf 37 bis 40 Grad Celsius erhöhen (Abb. 7.16). Die Zellenbaustelle erglüht durch Arbeitsbienen, die das Wachs erhitzen und so die dünnen Wachswände langsam zum Fließen bringen. Aufgrund der inneren mechanischen Spannung der Wände spielt sich dann das ab, was man beim Kontakt von zwei Seifenblasen beobachten kann: Die gemeinsame Wand zwischen den Seifenblasen wird bretteben. Und so werden die Seitenwände zwischen den dicht gepackten Zylindern ebenfalls gerade gestreckt, erhalten eine vollkommen glatte Oberfläche, nehmen eine einheitliche Dicke von 0,07 Millimetern an und bilden zueinander exakte Winkel von 120 Grad aus.

Amputiert man den Baubienen die letzten Glieder beider Antennengeißeln, errichten sie fehlerhafte Zellen mit nahezu doppelt so dicken Wänden, die auch von Löchern durchbrochen sein können. Man kann spekulieren, dass diese beeinträchtigten Baubienen, die auch für die korrekte Erwärmung des Wachses zuständig sind, die Wachstemperatur nicht mehr messen können. Die Sinnesorgane, mit denen Bienen die Temperatur ihrer Umgebung messen, liegen versenkt in den Segmenten ihrer Fühler, am dichtesten im äußersten Segment in der Fühlerspitze, in geringerer Anzahl aber auch in den nachfolgenden Geißelgliedern. Antennenamputationen berauben die Bienen vieler Sinneseingänge und machen sie dabei auch temperaturblind.

So entsteht Wabenabschnitt für Wabenabschnitt ganz von selbst das Kristallmuster der Wabenzellen. Ein Blick auf eine durchscheinende Wabe erweckt besonders im Gegenlicht den Eindruck, als sei der Boden der Zelle von Beginn an aus drei gleichgroßen Rhomben zusammengesetzt. Dies ist zum frühen Stadium des Wabenbaus noch eine optische Täuschung, bewirkt durch den Blick durch die halbkugeligen Zellböden auf die Fundamente der Wände der Wabenrückseite (Abb. 7.17).

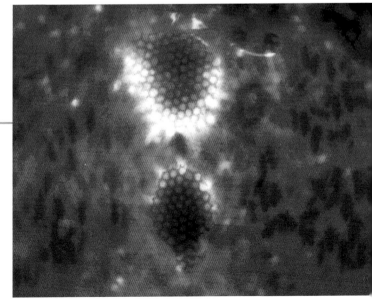

7.16 Wie diese thermographische Aufnahme von zwei Baustellen zeigt, heizen Baubienen das Wachs auf Temperaturen, bei denen es zu fließen beginnt und so aufgrund der inneren Spannung der Konstruktion die regelmässigen Sechsecke wie von selbst entstehen können.

Im Laufe der Zeit werden die Böden der Zellen schließlich so dünn, dass sich dort nach dem gleichen selbstorganisierenden Prinzip wie für die Seitenwände geschildert, drei regelmäßige, völlig ebene Rhomben bilden. Am Ende entsteht die perfekte Bienenwabe.

Nimmt man kleine runde Wachszylinder, packt sie dicht zusammen und erwärmt sie allmählich, lässt sich dieser Prozess der Entstehung sechseckiger Zellen auch ohne heizaktive Bienen beobachten. Die Wabenzellen, die eine Kolonie Honigbienen im Jahr 1984 an Bord eines NASA Space Shuttle bei „Null g" ohne Schwerkraft und Fliehkraft im Weltall erbaute, waren so exakt wie unter irdischen Bedingungen. Die musterbildenden internen Kräfte der Wabenzellen benötigen keine äußeren Hilfen, wenn man von der Wärmezufuhr durch die Bienen einmal absieht. Lediglich die Neigung der Zellen gegenüber der Waagerechten fiel im Weltall unorganisiert aus, was ohne richtungweisende Schwerkraft auch zu erwarten war.

Die durch den geschilderten selbstorganisierten Prozess entstehenden Waben haben aber nicht nur eine eindrucksvolle Geometrie, sondern sie besitzen zudem präzise statische und dynamische Eigenschaften. Diese Eigenschaften werden auch nach der Fertigstellung der Waben von den Bienen ständig kontrolliert und korrigiert.

Mathematiker haben immer wieder und mit jeweils neuen Methoden immer überzeugender berechnet, dass die Geometrie der Bienenwabe die optimale Lösung darstellt, wenn mit möglichst wenig Wachs möglichst viel Raumvolumen umbaut werden soll. Der erste, von dem solche Betrachtungen überliefert sind, war der griechische Astronom und Mathematiker Pappus von Alexandrien (etwa 290 bis ca. 350 n. Chr). Diese idealisierenden Überlegungen treffen sicherlich für die Abschnitte der Zellen etwas unterhalb der Zellränder zu. Würde man die Wachswülste, die auf den Zellrändern aufliegen, in die Kalkulationen einbeziehen, würden diese zusätzlichen 30 Prozent (maximal sogar 50 Prozent) an Wachsgewicht jede Optimierungsbilanz zunichte machen.

Die Waben bestehen nicht nur aus Wachs. Die Bienen arbeiten gezielt mit Propolis als einem Fremdstoff, den sie als Harze von Pflanzen abschaben und sowohl auf die Wachswände auflagern, als auch in sie einbauen. Durch die gezielte Verteilung des Propolis auf dem Wachs und im Wachs haben die Bienen eine weitere Möglichkeit, die Eigenschaften der Waben zu manipulieren.

Solche Manipulationen werden je nach Nutzung der einzelnen Wabenabschnitte durch die Honigbienen durchgeführt.

7.17 Die Böden frisch gebauter Zellen sind halbkugelförmig. Beim Blick durch die dünnen Wände erscheinen drei Scheinrhomben, verursacht durch die Auflagelinien der Zellwände der Gegenseite.

Funktionen der Wabe

Die Waben und ihre 100 000 bis 200 000 Zellen erfüllen für die Honigbienen auf ideale Weise eine Vielzahl von Funktionen. Sie sind

- Schutzraum
- Produktionsstätte von Honig
- Speicherplatz für Honig
- Speicherplatz für Pollen
- Nachwuchsbrutstätte
- Telefonfestnetz
- Informationsspeicher
- Staatenflagge
- Erste Verteidigungslinie gegen Pathogene

Die ersten vier aufgezählten Funktionen der Bienenwaben erfordern keine besonderen Eigenschaften des Baumaterials, aber eine geeignete Verteilung der entsprechenden Regionen über das Nest.

Auf den Inhalt kommt es an

Manche Waben dienen überwiegend der Honigbevorratung. Solche Lager findet man als äußere Waben des Gesamtwabenbestandes einer Bienenkolonie. Im Zentrum eines Bienennestes wird das besonders schützenswerte Brutnest angelegt, das sich auf mehrere nebeneinander liegende Waben verteilen kann. Eine solche Wabe weist drei Zonen auf: die Zellen mit Eiern, Larven und Puppen im Zentrum, ein Kranz mit Pollen gefüllter Zellen in direktem Anschluss nach außen hin und die übrigen Waben mit Honig gefüllt als Abschluss. Zu Zeiten der Geschlechtstierbildung wird dieses Muster noch um eine Stufe komplexer, da nun noch die im Durchmesser etwas größeren Drohnenzellen hinzukommen (Abb. 7.18).

Die mit Pollen gefüllten Zellen sind nicht verschlossen. Die Bienen vermengen den Blütenstaub mit geringen Mengen Nektar und pressen den so abgebundenen Pollen derart fest in die Zellen (Abb. 7.19), dass aus dem lockeren Pulver, das die Blüten liefern, eine feste Masse wird, deren Versiegelung nicht notwendig ist.

Für den Verwandlungsvorgang, der aus Nektar den Honig entstehen lässt, wird vor allem Wärme zur Wasserverdunstung benötigt. Die liefern die Bienen durch ihre Körperwärme.

Ist die Eindickung zur Zufriedenheit der Bienen erfolgt, bekommt jede Zelle einen Wachsdeckelabschluss. Damit der Nektar nicht aus den Zellen fließt, bevor es soweit ist, sind alle Zellen einer Wabe gegenüber der Waagrechten so geneigt, dass die Kombination aus Schwerkraft und Oberflächenspannung ein Auslaufen des Nektars verhindert (Abb. 7.20).

Ein Volk kann im Laufe eines Sommers bis zu 300 Kilogramm Honig herstellen, von dem der mit Abstand größte Teil wieder als Heizmaterial verbrannt wird (▸ Kapitel 8).

Die Anlage eines derart umfangreichen Honigvorrates bringt Gefahren mit sich. Zum einen könnten sich im Prinzip Mikroorganismen in diesem Schlaraffenland hervorragend vermehren. Das wissen die Bienen durch antibakterielle und antimykotische Peptide und Enzyme zu verhindern, die die Bienen aus ihren Speicheldrüsen dem Nektar beifügen.

Zum anderen weckt ein derart voluminöser süßer Schatz die Begehrlichkeit von Räubern. Seien es artfremde Böslinge oder konkurrierende Nachbarkolonien, die einen einfachen Weg suchen, um die eigenen Vorräte aufzufüllen. Gerade gegen

7.18 Die Wabe ist Kinderstube für alle Bienentypen des Volkes, wie hier die Drohnen und die Arbeiterinnen. Die Drohnenpuppen ruhen in den großen, bauchig abgedeckten Zellen im Hintergrund, die Arbeiterinnenpuppen in den kleineren, flacher gedeckelten Zellen im Vordergrund.

die Bedrohung aus dem Bienenlager, die besonders im Spätsommer unter ungünstigen Trachtbedingungen gewaltig anwächst, setzen die Bienen ihren Giftstachel ein (Abb. 7.21). Sticht eine Biene eine andere Biene, bekommt sie ihren Stachel problemlos aus ihrem Opfer wieder heraus. Dass später in der Evolution Tiere wie die Säugetiere auftraten, aus deren Gewebe der Stachel mit seinen Widerhaken nicht mehr herauszulösen ist, war für die Bienen nicht „vorhersehbar" und kann eher als „Unfall" ausgelegt werden.

Wird der Stachel mitsamt anhängender Giftblase, winzigen Muskeln und Nervenzellen aus der Biene herausgerissen, stirbt

7.19 (folgende Doppelseite links) Pollen wird in den Zellen als grobe Brocken abgelegt oder als feines Pulver festgestampft.

7.20 (folgende Doppelseite rechts) Frischer Nektar glänzt in den Zellen.

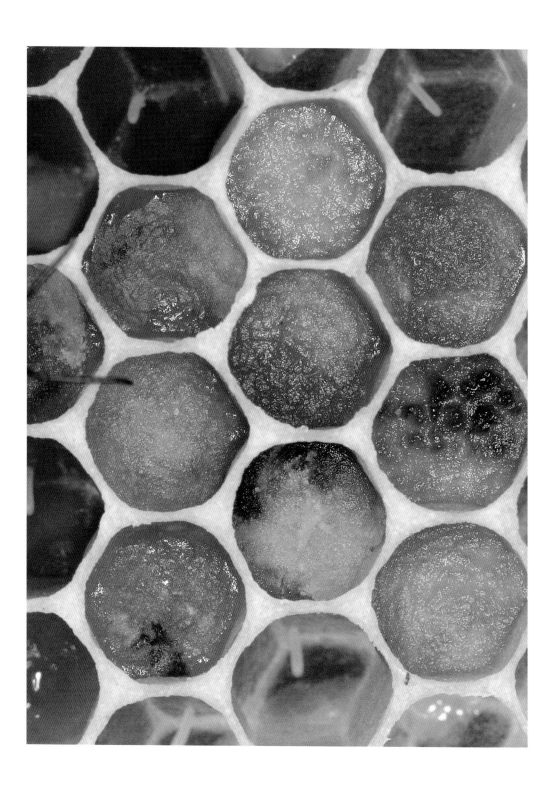

7.21 Wird das Trachtangebot draußen im Feld knapp, sind Überfälle zwischen den Bienenvölkern um den eingelagerten Honig an der Tagesordnung. So kommt es zu Kämpfen auf dem Flugbrett eines Bienenstockes oder im Inneren des Nestes.

die Stecherin an der gewaltigen Wunde in ihrem Hinterleib. Der zahlenmäßige Verlust an Bienen, die so ihr Leben lassen, ist allerdings für eine Kolonie derart vernachlässigbar gering, dass es keine Selektion in Richtung glatte Stachel gegeben hat.

Der herausgerissene Stachelapparat ist auch in dieser isolierten Form noch hoch aktiv, indem kleinste Muskeln die gegeneinander verschiebbaren Teile des Stachels aneinander entlang weiterbewegen. Deren Widerhaken bohren sich in die Tiefe und sondern aus einer kleinen Drüse unterhalb des Stachels ein Alarmpheromon in die Luft ab, das weitere Stockgenossinnen zum Angreifen animiert. Der Hauptbestandteil dieses Alarmpheromons ist eine chemische Verbindung mit Namen Isopen-

tyl-Acetat, die für den typischen Geruch reifer Bananen verantwortlich ist. Es empfiehlt sich demnach nicht, in direkter Nachbarschaft einer Bienenkolonie Bananen zu verzehren, es sei denn, man möchte die Wirksamkeit einer Massenalarmierung der Bienen am eigenen Leibe testen.

Das Verteilungsmuster der drei Bienenschätze über einer Wabe ist nachvollziehbar und sinnvoll. Die wertvolle Brut kommt in die Mitte, um ihr besten Schutz zu gewähren, der Pollen wird für einen leichten Zugriff der Brutpflegebienen zur Versorgung der Larven direkt darum herum gepackt und der restliche Speicherplatz wird mit Honig aufgefüllt.

Aber wie kommt dieses Muster zustande? Wer hat den Überblick und wer koordiniert die Arbeiten, die zu diesem Muster führen?

Wieder bieten die Bienen ein Beispiel für einen dezentralisierten, selbstorganisierten Mechanismus.

Am Zustandekommen des Brut-Pollen-Honig-Verteilungsmusters sind beteiligt: die Königin durch ihre Eiablage, deren Verteilung aber durchaus von den Arbeiterinnen korrigiert werden kann, die Nektarabnehmerbienen, die von den Sammelbienen den Nektar übernehmen und in die Zellen füllen und die Pollensammelbienen, die ihre Beute selbst direkt in die Zellen packen. Die Frage nach den Ursachen für das Zustandekommen des Verteilungsmusters der Zellfüllungen lässt sich also formulieren als die Suche nach den Regeln, nach denen Brut, Pollen und Nektar von den Bienen in jede einzelne Zelle gefüllt oder wieder entfernt wird.

Jede einzelne Zelle einer Wabe kann zu unterschiedlichen Zeiten jede der möglichen Füllungen bekommen. Mit diesem Vielzweckgebrauch ihrer Wabenzellen sind die Honigbienen einmalig unter allen Wabenbauern, den Hummeln, stachellosen Bienen und Wespen. Diese nutzen im Gegensatz zu den Honigbienen jede Zelle nur für einen einzigen Zweck.

Eine Königin legt während der saisonalen Blütezeit der Kolonie im Sommer etwa jede Minute ein Ei in eine leere Zelle. Pro Tag bestiftet sie damit zwischen 1 000 und 2000 Zellen. Dabei geht sie nicht streng systematisch vor, arbeitet sich also nicht sehr regelmäßig über die Wabe hinweg. Das wäre ja angesichts der regelmäßigen Wabengeometrie durchaus machbar. Aber sie bevorzugt zur Eiablage eindeutig leere Zellen, in deren Nähe sich bereits Brut befindet. Und sie startet ihr Eiabla-

gegeschäft in der Mitte der Wabe. Auf diese Weise entstehen zentral gelegene, zusammenhängende Brutregionen. Diese zusammenhängenden Brutnester sind für die Soziophysiologie der Bienenkolonie enorm wichtig, wie noch gezeigt werden wird. Um die Brut wird Pollen eingelagert und kranzförmig an der Außenseite die Honigvorräte (Abb. 7.22).

Die Leistung des Superorganismus, die hinter dem Füllen der Honig- und Pollenzellen steckt, ist eindrucksvoll. Während einer Saison produziert ein Bienenvolk bis zu 300 Kilogramm Honig. Dahinter stecken etwa 7,5 Millionen Ausflüge mit einer Gesamtstrecke, die interplanetarische Dimensionen annimmt. Es kommen dabei mindestens 20 Millionen Flugkilometer zusammen, was mehr als der halben Distanz Erde–Venus entspricht, vorausgesetzt, jede Biene kehrt randvoll beladen in das Nest zurück. Setzt man für einen Beuteflug eine Nutzlast von 40 Milligramm Nektar an, was knapp mehr als die Hälfte des Eigengewichtes einer Biene darstellt, sind etwa 25 Sammelflüge nötig, um eine einzige Zelle mit Honig zu füllen, der von ursprünglich 40% Zuckerkonzentration im Nektar auf 80% Zuckerkonzentration im Honig von der Berufsgruppe Honigerzeuger eingedickt wird.

An Blütenstaub sammelt eine Kolonie in einem Jahr eine Menge von etwa zwanzig bis dreißig Kilogramm. Eine Pollensammlerin bringt typischerweise etwa 15 Milligramm verteilt auf beide Pollenhöschen nach Hause. Um den Pollenvorrat einer Kolonie zusammenzubekommen, sind zwischen einer und zwei Millionen Sammelflüge nötig.

Das typische Verteilungsmuster von Brut, Honig und Pollen über einer Wabe,

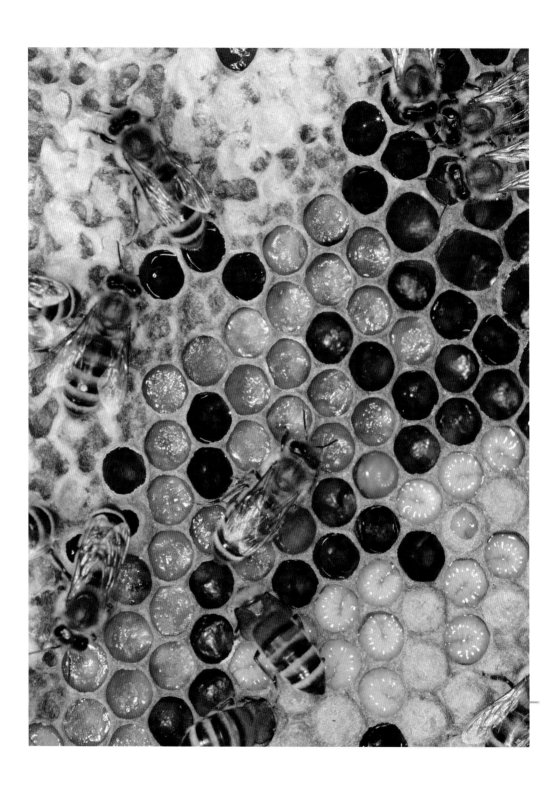

das man insbesondere zu Beginn einer Bienensaison findet, kommt also durch einen sich selbst regulierenden Musterbildungsprozess zustande.

Es wäre im Prinzip vorstellbar, dass unterschiedliche Bereiche einer Wabe allein durch ihre Lage für die Art der Verwendung durch die Bienen gekennzeichnet sind. Man könnte über irgendeine unbekannte Größe spekulieren, die sich von der Mitte der Wabe zum Rand hin verändert. Das könnten chemische Zeichen sein oder auch physikalische wie mechanische Eigenschaften der Wabenzellen oder die Temperatur. Dieser Gedanke lässt sich leicht testen, indem man eine intakte Wabe wie ein Puzzle zerlegt und bienenfalsch wieder zusammensetzt. Das so angerichtete Durcheinander haben die Bienen in kürzester Zeit wieder in Ordnung gebracht.

Es gibt demnach kein auf die Wabe aufgeprägtes Muster, nach dem sich die Bienen orientieren. Es sind ein paar einfache Regeln in einem selbstorganisierenden Prozess, die zu dem intakten Erscheinungsbild der konzentrischen Verteilung der Zellfüllungen führen. Die Königin legt die Eier immer in die Nähe von Brut. Der Zustrom von Nektar in das Volk ist größer als der Zustrom von Pollen. Die Entfernung von Honig aus den Zellen ist stärker als der Verbrauch von Pollen, der Honigumsatz also größer als der Pollenumsatz.

Dabei werden Pollen und Honig aus Zellen in der Nähe der Brut etwa zehnmal so schnell umgesetzt wie aus weiter außen liegenden Zellen. Diese Rate ist funktionell bedingt: Der Pollen dient, wie im Kapitel 6 gezeigt, zur Erzeugung von Schwesternmilch und der Honig wird, wie in Kapitel 8 ausgeführt, zur Erzeugung der Brutwärme im sozialen Uterus des Bienenvolkes genutzt. Und als letzter musterbestimmender Faktor ist die Zeitspanne der Brutentwicklung lang im Vergleich zu den anderen dynamischen Vorgängen der Be- und Entladungen, was zu dem stabilen Wabenzentrum führt. Wie viele Eier tatsächlich gelegt werden, wie viel Honig produziert, verbraucht und wie viel Pollen hin und hergeschafft wird, spielt für das Erscheinungsbild des entstehenden Musters keine Rolle. Lediglich die Geschwindigkeit, mit der die Aufteilung entsteht, wird dadurch beeinflusst.

Die Waben der Honigbienen sind auch Kommunikationsnetz und Gedächtnisspeicher für den Superorganismus. Als wächsernes Telefonfestnetz übertragen sie Informationen zwischen den Bienen als Teile des Superorganismus, so wie es das Nervensystem zwischen den Organen eines Körpers leistet. Als Gedächtnisspeicher halten sie chemiebasierte Daten fest, die den Bienen der räumlichen Orientierung und der Identifizierung dienen.

Das Telefon-Festnetz

Die oberen Ränder der Zellen schließen mit einer wulstigen Auflage ab (Abb. 7.23). Auf diesen Wülsten laufen die Bienen herum und die Wülste spielen eine entscheidende Rolle für die Kommunikation zwischen den Bienen im Dunkel des Nestes.

7.22 Brut, Pollen und gedeckelter Honig sind nicht wild durcheinander über die Wabe verteilt, sondern bilden ein festes Muster.

Für diese Bienenunterhaltung in der Finsternis des Bienennestes, in der keine optischen Signale eingesetzt werden können, spielen feinste Schwingungen, die sich über die Wabe ausbreiten, eine wichtige Rolle.

Karl von Frisch hat bereits vor 70 Jahren spekuliert, dass es feine Schwingungen sein könnten, die für die Bienen in der Tanzsprache eine wichtige Kommunikationsrolle spielen. Vor kurzem konnte in einem einfachen Verhaltensversuch gezeigt werden, dass er mit seinem Verdacht genau richtig lag: Lässt man Bienen auf leeren Zellen tanzen, die vom Aufbau her sehr fragil sind und Schwingungen leicht weiterleiten sollten, wird die im Tanz angezeigte Futterstelle von drei- bis viermal so vielen rekrutierten Bienen besucht wie bei Tänzen, die auf verdeckelten Zellen und damit einer versiegelten Oberfläche stattfinden. Die Kommunikationskette funktioniert demnach auf leeren Zellen deutlich besser als auf einer festen Oberfläche im Bienennest.

Die physikalische Ursache für diesen Unterschied in der Wirksamkeit identischer Tänze auf unterschiedlichen Böden klärte sich durch den Einsatz einer hochempfindlichen Schwingungsmesstechnik, der Laser-Doppler-Vibrometrie. Sie gestattet ein berührungsloses Erfassen der unvorstellbar schwachen Vibrationen, die eine Tänzerin auf der Wabe erzeugt.

Alle Details zu diesem Kommunikationsweg, die sich bis jetzt aufklären ließen, lassen die Wabe nicht wie eine vorgegebene Übertragungsstrecke für Schwingungen erscheinen, so wie es Pflanzenstängel für die Klopfsignale von Insekten sein können, sondern haben komplexe Wechselwirkungen zwischen der Wabenarchitektur, den physikalisch-chemischen Eigenschaften des Wachses und dem Bau- und Kommunikationsverhalten der Bienen aufgedeckt.

Auffallenderweise zeigen die Waben der frei nistenden asiatischen Riesen- und Zwerghonigbienen keine derartigen Wülste. Freinistende staatenbildende Bienen bilden einen lebenden Sack, bestehend aus tausenden ineinander verhakten Bienen, der um die Wabe herum hängt und in dem sich der Großteil der Kommunikation abspielt. Dagegen verbringen die höhlennistenden Bienen den Großteil ihres Lebens direkt auf den Waben. Die verdickten Zellränder erweisen sich dabei für diese Situation als sinnvolles Detail der Wabenkonstruktion. Alle Zellränder zusammen genommen bilden ein Netz aus sechseckigen Maschen. Dieses Netz ruht auf den dünnen Zellwänden und lässt sich sehr leicht innerhalb der Netzebene um geringe Strecken verschieben, vergleichbar dem Netz eines Fußballtores, an dessen Maschen man zieht.

Es ließ sich zeigen, dass solche Schwingungen als Verschiebungen der verdickten Zellränder über eine gesamte Wabe laufen können. Physikalisch gesehen handelt es sich dabei weder um Längswellen noch um Querwellen, sondern es sind eher sehr rasch ablaufende Deformationen. Dieses

7.23 Die Zellen der Waben der höhlennistenden Honigbienen bestehen aus hauchdünnen Wachswänden, auf deren oberen Ränder Wülste von einer mittleren Dicke von etwa 0,4 Millimetern aufgelegt sind, die insgesamt ein durchgehendes Netz mit sechseckigen Maschen bilden.

Netz leitet dabei als „comb-wide web" einen engen Bereich an Schwingungsfrequenzen zwischen 230 Hertz (Anzahl der Schwingungen pro Sekunde) und 270 Hertz am besten weiter. In diesem Frequenzfenster werden die Schwingungsamplituden sogar verstärkt. Dabei ist es sehr interessant, dass es keine Rolle spielt, ob die Zellen leer oder mit Honig gefüllt sind. Nur das Verschließen der Zellen mit einem Deckel stoppt die Ausbreitung der Schwingungen. Steht die Tänzerin auf solch gedeckelten Zellen, lassen sich auch an leeren Zellen in der Nachbarschaft einer solchen versiegelten Region keine Schwingungen messen. Liegt aber eine solche versiegelte Region als Insel in einem ansonsten unverdeckelten Wabenteil, laufen die Schwingungen um diese Insel herum.

Die Unabhängigkeit der am besten weitergeleiteten Schwingungsfrequenz von der Füllung der Zellen ist höchst erstaunlich und macht die Wabenstruktur zu einem interessanten Studienobjekt für Ingenieure. Die Waben besitzen offenbar nicht nur in ihrer Statik nachahmenswerte Eigenschaften, wie eine enorme Stabilität bei geringstem Materialeinsatz, sondern auch unerwartete und für manche Technologien extrem nützliche dynamische Eigenschaften. Die offenbar in den Waben fehlende Rückwirkung der mechanischen Belastungen auf die Signalausbreitung und damit auch auf die Erregerkraftquelle hat die Entwicklung eines Schwingungserregersystems auf der Basis der Honigbienenwabe angeregt.

Der enge Frequenzbereich von 230–270 Hertz, den die Waben am besten weiterleiten können, deckt sich mit den Schwingungsfrequenzen, die von den Tänzerinnen in Form von kurzen Pulsgruppen während der Schwänzelphase in ihrem Schwänzeltanz erzeugt werden (siehe auch Kapitel 4). Die Honigbienen, die ihren Wabenbau bis in das letzte Detail kontrollieren können, legen ihr Telefonfestnetz so an, dass sich ihre eigenen Kommunikationsfrequenzen am besten ausbreiten können. Materialeigenschaften, Architektureigenschaften und Bienenverhalten sind bestens aufeinander abgestimmt.

Auf den ersten Blick ergeben sich in diesem Zusammenhang drei Gesichtspunkte, deren vertiefte Betrachtung lohnt:

- Welche Manipulationsmöglichkeiten stehen den Bienen zur Abstimmung ihres Telefonnetzes zur Verfügung?
- Sind in dem Telefonnetz der Bienen private Leitungen möglich, oder stören sich gleichzeitig ablaufende Kommunikationen gegenseitig?
- Wie wird mit dem andauernden Hintergrundrauschen umgegangen, das durch die keineswegs geräuschlose Aktivität von zehntausenden von Bienen permanent vorhanden ist?

Telefon-Festnetz-Manipulationen

Untersucht man eine Bienenwabe daraufhin, welcher Umweltfaktor das Telefonnetz der Bienen am stärksten verstimmen kann, so stößt man auf die Temperatur des Wachses. Mit steigender Temperatur des Wachses verringert sich der mechanische Widerstand gegenüber den Schwingungsanregungen, und es wird für die Bienen zunehmend leichter, das Zellrandnetz in Schwingungen zu versetzen. Das funktioniert aber nur bis etwa 34 Grad Celsius. Wird die Wachstemperatur weiter erhöht, bricht das System zusammen, da das Wachs dann so plastisch wird, dass es eher verformt wird als Vibrationen weiterzuleiten. Misst man die Temperatur der Zellränder auf dem Tanzboden eines Bienenvolkes, zeigt sich nach einem Kaltstart am Morgen eine Erhöhung der Wachstemperatur bis in den optimalen Bereich innerhalb der ersten Stunden der Sammelaktivität der Kolonie. An einem bestimmten Standort stellen die Bienen die Wachstemperatur im Tanzbodenbereich sehr erfolgreich durch ihre Temperaturregulierungsfähigkeiten richtig ein.

Verlagert man allerdings das gesamte Bienenvolk in klimatisch extrem andere Verhältnisse, unter denen das gesamte Bienennest massiv aufgeheizt wird, lässt sich die Fähigkeit der Bienen, Wachstemperatur zu regulieren, an ihre Grenzen bringen. Trifft das zu, greifen die Bienen zu einem Trick, der in der Technik als Verbundmaterialeinsatz bekannt ist. Ist die Wachstemperatur als Stellgröße der Schwingungseigenschaften der Zellränder nicht mehr ausreichend, mischen die Bienen dem Wachs der Zellränder als Fremdsubstanz Propolis bei (Abb. 7.24), das als Harze von Pflanzen eingesammelt wird. Dabei werden die Substanzen Wachs und Propolis in ihrem Mischungsverhältnis und ihrer räumlichen Verteilung gerade so vermengt, dass das Telefonnetz immer im richtigen Abstimmungsbereich liegt.

7.24 Die Zellränder werden dort, wo es aus mechanischen Gründen notwendig wird, von den Bienen mit Propolis verstärkt.

7.25 Umgibt der Imker eine Wabe auf allen Seiten mit einem Holzrahmen, können keine horizontalen Verschiebungen im „comb-wide web" mehr auftreten. Die Kommunikation ist massiv gestört. Waben, auf denen Tänze stattfinden, werden von den Bienen mit Lücken versehen, die eine Ausbreitung der Vibrationssignale wieder möglich machen.

Dabei kneten die Bienen mikroskopisch kleine Propolisstreifchen in das Wachs ein. Dadurch entstehen Zellwände und -ränder aus mehreren Materialien, wie sie als Verbundwerkstoffe auch vom Menschen entwickelt worden sind. Will ein Bauingenieur einem großvolumigen Betonteil hohe Festigkeit und große Spannungstoleranz mitgeben, verrührt er kleine Stahlstücke so im flüssigen Beton, wie es die Bienen mit den Propolisteilchen im Wachs machen.

Aber nicht nur klimatische Habitatunterschiede nehmen Einfluss auf den Wabenbau der Bienen. Bestimmte imkerliche

Vorgehensweisen rufen Telefonnetz-Flicker unter den Bienen auf den Plan. In der Imkerpraxis werden Waben, um sie beweglich zu machen, von einem Holzrahmen umgeben. Umschließt dieser Holzrahmen die Wabe komplett, können sich keine Maschenverschiebungen über die Zellränder mehr ausbreiten, da es keinen Freiraum mehr gibt, in den sich die Schwingungen ausdehnen können. Das finden die Bienen keinesfalls störend auf den Waben, auf denen sie keine Tänze aufführen. Diese bleiben lückenlos wie vom Imker eingerichtet. An den Waben allerdings, auf denen die Tänze stattfinden, legen sie Lücken zwischen Wachs und Holzrahmen

an (Abb.7.25). Durch diese Lücken wird die volle Funktionstüchtigkeit der Signalübertragungsstrecke wiederhergestellt.

Privatsphäre der Vibrations-kommunikation

Über das Zellrandnetz laufen feinste Schwingungen in alle Wabenecken. Wie ist da bei häufig gleichzeitig stattfindenden Tänzen (Abb. 7.26) gewährleistet, dass keine gegenseitigen Störungen der Gesprächsgruppen auftreten?

Das Problem löst die jeweils am Ort versammelte Bienenmenge allein durch ihre Anwesenheit. Sitzen Bienen in locke-

7.26 In Spitzenzeiten der Sammelaktivität tanzen, wie hier die vier markierten Akteusen, mehrere Tänzerinnen auf dichter Fläche, oft für unterschiedliche Ziele.

rer Runde und großem Abstand voneinander, laufen die Maschenverschiebungen weit. Ist die Bienendichte und damit die gewichtsmäßige Belastung der Wabe an dieser Stelle hoch, wirkt das wie ein Versiegeln der oberen Zellöffnungen. Dadurch werden die Schwingungen gedämpft und reichen dann nur wenige Zentimeter weit. So ist der Einzugsbereich der Tanzsignale und damit die Reichweite der schwingenden Botschaften immer nur so groß, wie es kommunikationsbiologisch sinnvoll ist.

Schwache Signale in massivem Rauschen – die Wabenmechanik hilft

Kommunikationssignale ragen normalerweise über Störungen in der Umgebung heraus. In der Welt des Schalls und der Schwingungen heißt das, die Signale sind lauter und kräftiger als das Rauschen, das als Störung im Hintergrund auftritt. Das trifft nicht für die Vibrationssignale im Schwänzeltanz der Honigbienen zu. Mehrere tausend Bienen, die auf der gleichen Wabe aktiv sind und dabei den unterschiedlichsten Tätigkeiten nachgehen, erzeugen ein ständig rauschendes Schwingungsniveau, aus dem sich die Kommunikationssignale nicht als stärkere Schwingungen hervorheben. Wie aber lassen sich solche schwachen Signale erkennen?

Das Problem der Detektion schwacher Signale in starkem Rauschen löst man in der Astronomie durch das Zusammenschalten weit auseinander liegender Antennen. Deren Signale werden zusammengeführt und durch den dadurch möglichen Vergleich lassen sich schwache regelmäßige Ereignisse, ausgehend von sehr weit entfernten Radiosternen, erkennen.

Jede Biene besitzt durch ihre Füße sechs auseinander liegende Kontaktstellen mit dem Zellrandnetz. So können sie die Schwingungen an allen sechs Füßen miteinander vergleichen, ähnlich dem Prinzip der radioastronomischen Sternbeobachtung.

Lässt sich durch den Vergleich der an unterschiedlichen Punkten des Zellrandnetzes einer Bienenwabe gemessenen Vibrationen ein Muster erkennen, das an einem einzigen Messpunkt nicht beobachtbar ist und das trotz starkem Hintergrundrauschen auffällt?

In der Tat findet man so etwas. Die Schwingungen, die sich als Verschiebungen der oberen Zellränder über die Wabe ausbreiten, bilden ein auffallend regelmäßiges flächiges Bild der Zellrandbewegung. Der einfachste Fall, die Anregung nur eines einzigen Zellrandes mit Schwingungen, führt zu folgendem Bild: Die gegenüberliegenden Zellränder jeweils einer Reihe von Zellen bewegen sich gleichsinnig zueinander. Nur in einer einzigen Zelle dieser gesamten Zellreihe schwingen die Wülste gegeneinander (Abb. 7.27). Da eine Tänzerin mit sechs Beinen an den Zellrändern zieht, sind um eine Tänzerin als Sender von Schwingungen mehrere solcher „pulsierender Zellen" zu erwarten. Eine Nachfolgebiene als Empfängerin der Wabenvibrationen steht wie die Tänzerin auf den Rändern der Zellen und überspannt mit ihren Beinen bis zu drei Zelldurchmesser (▶ Abb. 4.26). Sie könnte so mit den schwingungsempfindlichen Sinneszellen, die in ihren Beinen liegen, dieses zweidimensionale Schwingungsmuster im Dunkel ohne weiteres erfassen. Die Resultate von Verhaltensanalysen, gewonnen aus Videoaufzeichnungen, unterstützen diese Vorstellung: Verfolgt man Nachtän-

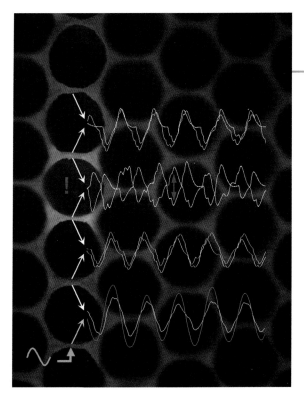

7.27 Schwingungen, die sich als horizontale Verschiebungen der Zellränder über die Wabe ausbreiten, bilden, bedingt durch die geometrisch-physikalischen Eigenschaften der Wabe, ein zweidimensionales Muster, das auch im Dunkeln den Aufenthaltsort einer aktiven Tänzerin verrät. Wird an einer einzigen Stelle (blauer Pfeil) ein Zellrand zum Vibrieren gebracht, schwingen in der gesamten entsprechenden Zellreihe alle sich jeweils gegenüberliegenden Ränder jeder Zelle im Gleichtakt, abgesehen von einer einzigen Zelle (Ausrufezeichen), deren Wände im Gegentakt schwingen. Da eine Tänzerin nicht nur an einem, sondern mit ihren sechs Füßen an sechs Punkten die Zellränder zum Schwingen anregt, können sich bei geeignetem Tanzboden mehrere solcher „pulsierender Zellen" in der Umgebung einer aktiven Tänzerin ergeben.

zerinnen, die mehreren Tanzrunden gefolgt sind, in einer rückwärts ablaufenden Videoaufzeichnung bis zum Beginn des Tanzballetts und darüber hinaus, lässt sich die Stelle auf der Wabe festlegen, an der die spätere Tanzfolgerin die Position der Tänzerin erkannt hat. Hat sie die Anwesenheit und die Aufenthaltsrichtung einer aktiven Tänzerin wahrgenommen, wendet sie ihren Kopf zur Tänzerin hin (▶ Abb. 4.26). Danach dreht sie sich in Richtung der Tänzerin und läuft in der entsprechenden Richtung los, bis sie an die Tänzerin anstößt, um sofort am Schwänzeltanzballett teilzunehmen. Überlagert man die

Position der „pulsierenden Zellen" aus den physikalischen Messungen mit den Resultaten der Verhaltensanalysen, in denen bestimmt worden ist, ab wann eine Biene eine Tänzerin wahrgenommen hat, erhält man deckungsgleiche Bilder. Die „pulsierenden Zellen" der physikalischen Messungen und die „ich habe eine Tänzerin bemerkt"-Stellen der Verhaltensbeobachtungen stimmen überein. Diese Beobachtungen machen es sehr wahrscheinlich, dass es das zweidimensionale Schwingungsmuster auf der Wabe ist, durch das Bienen auch auf einer verrauschten Wabe zu einer Tänzerin geleitet werden können.

Finden Tänze auf starren Flächen oder dem Körper anderer Bienen statt, wie auf einer Schwarmtraube (siehe Abb. 7.32), werden keine Bienen aus der Distanz zur Tänzerin gelockt.

Der chemische Gedächtnisspeicher

Das Bienenwachs als Baumaterial der Waben verändert seine chemische Zusammensetzung im Laufe der Zeit durch Zerfallsprozesse an den langkettigen Kohlenwasserstoffen und durch Abdampfen von Wachskomponenten in die umgebende Nestluft. Aber auch Enzyme, die die Bienen dem Wachs beimischen, verändern dessen Aufbau. Dazu kommen im Laufe der Zeit „Verunreinigungen" (Abb. 7.28) durch die Larvenhäutchen und den Larvenkot im Brutbereich sowie durch eingetragenen Pollen und Propolis. Anfangs chemisch homogene Bienenwaben werden so im Laufe der Zeit zu „chemisch bunten Flickenteppichen".

Die Honigbienen können selbst feinste Unterschiede in der Wachszusammensetzung mit Sinnesorganen erkennen, die auf ihren Fühlern sitzen. Dabei müssen sie das Wachs nicht einmal berühren, sondern der Duft des Wachses ist bereits für diese Unterscheidungsleistung ausreichend.

Das Wachs ist für die Honigbienen eine Substanz „mit Geschichte", deren Gedächtnisspuren den Bienen Informationen liefern, die ihnen bei der Orientierung im dunklen Stock helfen. So lagern die Bienen den Nektar und den Pollen bevorzugt in Zellen, die bereits älter sind, und nicht gerne in frisch gebauten Zellen.

Die Körperoberfläche der Bienen ist wie bei allen Insekten zum Schutz vor Austrocknung mit einer dünnen Wachsschicht überzogen. Dieses kutikuläre Wachs unterscheidet sich im Prinzip nicht vom Wabenwachs. Das ist auch nicht weiter erstaunlich, da die wachsschwitzenden Drüsenfelder ihren Ursprung in Drüsen haben, die einstmals nur der Bildung und Ausscheidung des Kutikulawachses dienten.

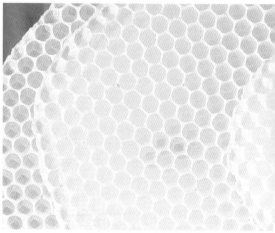

7.28 Im gleichen Nest können Waben aufgrund ihres Alters (links: altes Wachs; rechts: frisches Wachs) oder durch Fremdbeimengungen chemisch sehr unterschiedlich zusammengesetzt sein, was im Vergleich von Extremen auch farblich leicht erkennbar ist.

Die Wachszusammensetzungen auf den Bienenoberflächen sind nicht bei allen Bienen gleich. Ein erblicher Anteil sorgt dafür, dass das Wachs von Bienen, die zueinander Vollschwestern sind, ähnlicher ausgeprägt ist als das Wachs von Halbschwestern, also solchen mit einer gleichen Mutter, aber unterschiedlichen Vätern. Aber auch die Umgebung, in der die Bienen leben, beeinflusst die Kutikulawachszusammensetzung. So übernimmt die Wachsschicht des Bienenkörpers Bestandteile des Wabenwachses. Auf diese Weise kommt als „Staatenflagge" eine typische bienenvolktypische Wachsduftmarke zustande, die es den Wächterbienen ermöglicht, am Stockeingang nestzugehörige von nestfremden Bienen zu unter-

7.29 Zwei Wächterbienen in typischer „Hab-Acht-Haltung". Es werden der feste Boden und der Luftraum überwacht.

scheiden und nestfremden den Eintritt zu verwehren (Abb. 7.29).

Dieser strengen Kontrolle und Abweisung sind die Koloniefremdlinge aber nicht ohne Gegenmittel ausgeliefert. Bringen stockfremde Bienen „einen vollen Geldkoffer", das heißt bieten sie der kontrollierenden Wächterbiene einen dicken Nektartropfen an, wird großzügig über die „falschen Ausweispapiere" hinweggesehen und die Biene in den Stock eingelassen (Abb. 7.30).

Die Bienen nutzen aber nicht nur chemische Merkmale des Wachses, die sie als gegeben vorfinden, sondern sie nutzen das Wabenwachs auch aktiv als ein Substrat, an das sie chemische Signale anheften können. Wie im Falle der Kennzeichnung der Tanzböden, auf denen die Tänzerinnen eines Volkes aktiv sind.

Der Marktplatz zum Austausch der getanzten Botschaften über Futterquellen nimmt in einem Bienenvolk mit einer Gesamtfläche von fünf Quadratmetern Wabe gerade mal eine Fläche von zehn mal zehn Zentimetern ein. Auf diesem Tanzboden treffen sich Tänzerinnen und sammelmotivierte Bienen, um sich von den Tänzerinnen über die Lokalitäten draußen im Feld unterrichten zu lassen. Dieser Tanzboden lässt sich aus der Wabe herausschneiden, an einen neuen Ort im Nest verlagern und die entstandene Lücke durch ein anderes Wabenstück lückenlos schließen. Der Tanzboden muss demnach eine chemische Markierung besitzen, die an ihm anhaftet. Die ersten Sammelbienen, die nach diesem Eingriff in den Stock zurückkehren um zu tanzen, gehen sofort dorthin, wo sie vor

7.30 Eine kontrollierte Biene (links) bietet der Wächterbiene (rechts) vor dem Nesteingang als „Bestechungsversuch" einen Nektartropfen an.

7.31 Propolis wird an unterschiedlichen Stellen im Nest abgelagert.

dem letzten Ausflug noch den richtigen Tanzboden vorfanden. Dort tanzen sie nun aber nicht, sondern suchen die Wabe nach dem verlegten Tanzboden ab. Haben sie ihn gefunden, legen sie direkt mit den Tänzen los. Nach einem erneuten Ausflug streben sie die neue Lage des Tanzbodens ganz direkt an. Wird am nächsten Tag die neue Sammelrunde aufgenommen, tanzen sie wieder auf den alten Tanzbodenkoordinaten.

Diese Beobachtungen sprechen dafür, dass der Tanzboden eine chemische Markierung trägt, die bei Nichtbenutzung während der Nacht wieder verblasst und am nächsten Tag erneut aufgebracht wird. Details zur Chemie dieser Markierung sind nicht bekannt.

Reinraum

Nur wenige Organismen leben dauerhaft auf derart enger Tuchfühlung miteinander wie die Honigbienen. Diese Situation bringt für den Superorganismus erhebliche Gesundheitsrisiken mit sich. Auf der Verhinderung der Ausbreitung von Infektionen liegt folglich ein erheblicher Selektionsdruck, der zu höchst effektiven bienenspezifischen Lösungen zur Krankheitsvorbeugung und -bekämpfung geführt hat. Der Wabe kommt dabei als einer ersten Abwehrfront von Pathogenen eine erhebliche Bedeutung zu. Eine besondere Bedeutung besitzt dabei auch eine dünne Tapete aus Propolis, mit der die Zellwände vornehmlich im Brutnest überzogen werden. Das Propolis hat antibakterielle und fungizide Wirkung und verhindert oder reduziert damit das Risiko von Bakterien- und Pilzinfektionen. Bienen legen im Nestinnern größere Vorräte an Propolis an (Abb. 7.31), auf die im Bedarfsfalle zurückgegriffen werden kann.

Falls größere Tiere wie Mäuse oder Spitzmäuse in das Nestinnere vorgedrungen und dort durch Stiche getötet worden sind, können sie nicht mehr von den Bienen aus dem Stock entfernt werden. Sie stellen eine extreme Bedrohung der Gesundheit des Bienenvolkes dar. Die Bienen lösen das Problem, indem sie die Leichname komplett mit Propolis überziehen. Diese Mumien überdauern so die Zeiten und sind als infektiöse Bedrohung für das Volk ausgeschaltet. Es war dieses Verhalten der Bienen, das die alten Ägypter auf den Gedanken und die ersten einfachen Methoden zur Konservierung ihrer Toten gebracht hat. Honigbienen haben die Praxis der Mumifizierung als Erste ausgeübt.

Die Nisthöhle

Die Honigbienen stellen sich zwar die Einrichtung ihres Heimes her, sind aber nicht in der Lage, die Höhle zu schaffen, die der Bienenkolonie Schutz bietet. Hier sind sie auf das Angebot der Umwelt angewiesen. In den gemäßigten Breiten bieten hohle Bäume typischerweise solche Unterkünfte. Aber auch Spalten in Felsen kommen in Betracht. In einer gepflegten Kulturlandschaft ohne hohle Bäume sind die Bienen komplett auf die künstlichen Behausungen angewiesen, die ihnen der Mensch bietet, da sie nicht in der Lage sind, den Winter

oder sogar bereits starke Sommerunwetter ohne schützende Höhle zu überleben.

Hat ein Schwarm die alte Wohnung verlassen, ist Eile geboten. Der Reiseproviant in Form randvoller Honigblasen reicht nur begrenzt und Unwetter können einem ungeschützt am Baum hängenden Bienenvolk schwer zusetzen. Also erkunden bis zu 200 oder 300 Nisthöhlensucher als so genannte Spurbienen die Landschaft. Jeder erfolgreiche Scout kehrt zur Schwarmtraube zurück und wird dort auf der Oberfläche mit Bienenkörpern als Tanzboden einen Schwänzeltanz aufführen (Abb. 7.32), in dem, wie bei der Angabe von Futterplätzen, Richtung und Entfernung der Entdeckung kodiert sind.

Diese Botschaft erreicht nur sehr wenige Bienen in der direkten Umgebung der Tänzerin, da die Bienenkörper als Tanzboden keinerlei Vibrationen ausbreiten und somit keine Nachtänzerinnen anlocken. Wir haben hier die seltsame Situation, dass, anders als bei der Futterplatzrekrutierung, nun das gesamte Volk die Botschaft bekommen muss, dass aber, ebenfalls anders als in der Futterplatzrekrutierung, hier nur sehr wenige Nachtänzerinnen auftreten.

Zu Beginn werden so viele unterschiedliche mögliche Nistplätze in den Tänzen

7.32 Eine Spurbiene, die eine geeignete Nisthöhle gefunden hat, führt auf den Körpern ihrer Schwarmkolleginnen einen Schwänzeltanz auf (Biene markiert). Anders als auf gut schwingenden Tanzböden einer Wabe werden nur extrem wenige Nachtänzerinnen aktiviert. Es folgen, im Gegensatz zu Tänzen, die auf gut schwingenden Waben stattfinden, nur eine oder zwei Nachfolgebienen den Bewegungen der Tänzerin.

angezeigt, wie sie von den Suchbienen entdeckt worden sind. In der Regel sind das zwanzig und mehr mögliche neue Adressen.

Wie soll diese Nistplatzdebatte aufgelöst werden? Da es nur eine Königin gibt, kann es auch nur eine neue Adresse geben. Für welchen Nistplatz entscheidet sich das Volk?

Es lässt sich beobachten, dass die Bienen, die weniger gute und höchstens bedingt erträgliche Höhlen entdeckt haben, zunehmend verstummen. Am Ende wird nur noch für die beste Höhle getanzt. Dieser Werbung schließen sich dann auch die Bienen an, die anfänglich ihre eigenen, aber offenbar weniger attraktiven Entdeckungen angepriesen haben.

Eigenschaften der neuen Höhle, die in die Einzugsentscheidung einfließen, sind:

- die Entfernung von der alten Wohnung (nicht zu nah, nicht zu weit)
- die Ausmaße der neuen Höhle (nicht zu groß, aber auch Raum für Zuwachs in späteren Jahren)
- die Höhe der Höhle über dem Boden (nicht zu dicht an der Erde)
- die Beschaffenheit des Eingangs (nicht zu klein, um guten Flugbetrieb zu ermöglichen, nicht zu groß, um leicht bewacht zu werden)
- Trockenheit im Höhleninneren
- Himmelsrichtung des Eingangs (nach Süden bevorzugt, um die Wärme der Frühlingssonne zu nutzen)
- Vorhandensein alter Waben voriger Bewohner

Diese Gesichtspunkte, nach denen die Attraktivität einer Nisthöhle festgestellt wird, werden von den Spurbienen nach der Entdeckung einer Höhle durch langsame Flüge in der Umgebung der Höhle und durch intensives Begehen des Höhleninneren geprüft. Dabei legen die Bienen entlang der Höhlenwände Laufstrecken von 50 Metern und mehr zurück. Es bleibt kein Winkel unbesucht, es wird der Zustand der Wände erlebt, und es wird das Volumen der Höhle abgeschätzt.

Der Umzug der 20 000 Bienen in einer Schwarmtraube an diesen einen Punkt in der Landschaft ist keine einfache Sache (Abb. 7.33). Eine Reihe unterschiedlicher Kommunikationsmechanismen sorgt für den Erfolg. Ein relativ kleiner und langsam anwachsender Trupp Bienen wurde von der Entdeckerbiene zum neuen Platz rekrutiert und kennt die Lage. Im günstigsten Falle sind das vielleicht 5% aller Schwarmbienen. Diese Bienen fliegen häufig zwischen Schwarm und Nisthöhle vor und zurück und tanzen immer wieder auf der Schwarmtraube. Am Höhleneingang halten sich nun Bienen auf, die in auffallenden Brauseflügen den Eingang umkreisen und mit dem Pheromon ihrer abdominalen Nasanovdrüse markieren. Insoweit gleicht das Verhalten dem der erfahrenen Sammelbienen, mit dem sie Neulinge zu Futterstellen locken (▸ Kapitel 4).

Wegen des Tanzbodens aus Bienenkörpern, der keine Schwingungen ausbreitet und somit nur sehr wenige Nachtänzerinnen zulässt, und dem extremen zahlenmäßigen Missverhältnis von wenigen Tänze-

7.33 In diesem Baum haben Spurbienen eine ideale Unterkunft zur Errichtung eines neuen Nestes gefunden.

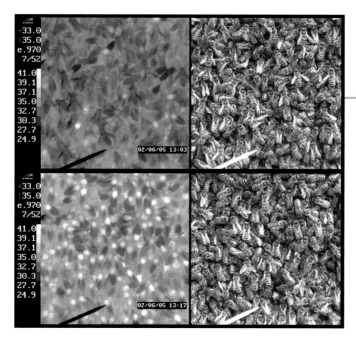

7.34 Thermographische Aufnahme (links) und normale Aufnahme (rechts) einer Schwarmtraube 15 Minuten (oben) und eine Minute vor der Schwarmexplosion. Die normale Aufnahme zeigt keinen Unterschied, die Thermoaufnahme zeigt das Aufheizen aller angepiepten Bienen. An der Skala links lässt sich die Körpertemperatur der Bienen ablesen. Die Zeiger im Bild sollen der Identifizierung bestimmter Bienen dienen.

rinnen und Tausenden von Adressaten, ist es praktisch ausgeschlossen, dass die meisten Bienen, besonders im Innern der Schwarmtraube, eine Ahnung von den Tänzen auf der Oberfläche bekommen. Wie also bringt man den Schwarm mit allen Arbeitsbienen und der Königin auf den richtigen Weg?

Alle Tänzerinnen stellen zunehmend ihre Tänze ein und dringen in das Innere der Schwarmtraube vor. Dort kämpfen sie sich auf komplexen dreidimensionalen Wegen durch die Bienen hindurch und „bepiepen" so viele ihrer Schwestern wie möglich. Sie erzeugen mit ihrer Flugmuskulatur einen hohen Piepton, der als Vibration direkt auf alle berührten Bienen übertragen wird. Jede so bepiepte Biene

beginnt daraufhin ihre Körpertemperatur zu erhöhen. So kommt die Schwarmtraube innerhalb von etwa zehn Minuten ganz allmählich zum „glühen" (Abb. 7.34).

Ist die gesamte Schwarmtraube auf etwa 35 Grad Celsius aufgeheizt, explodiert sie regelrecht, und alle Bienen erheben sich gleichzeitig in die Luft. Dann steht eine laut brausende große Kugel von mehreren Metern Durchmesser, bestehend aus langsam fliegenden Bienen in der Luft, die von den zielkundigen Bienen sehr rasch durchflogen wird. Diese Bienen, die den Zielpunkt kennen und die den Schwarm auf den richtigen Weg bringen, schießen in raschem Flug durch die Bienenwolke geradlinig vor und zurück, immer in der Achse, die zwischen Aufbruchort und der neuen Behausung gebildet wird. Die brausende Bienenkugel verformt sich dann langsam zu einer dicken Zigarre und nimmt die Fahrt in Richtung neues Ziel auf, geleitet durch die brausenden Kenner der neuen Anschrift. Der Höhleneingang wurde bereits für die Neuankömmlinge von den Spurbienen chemisch markiert durch den Duft der Nasanovdrüse im Hinterleib der Bienen.

In der neuen Höhle angekommen, wird vom Schwarm sofort die Wachsproduktion aufgenommen. Es werden, wo nötig, die Innenwände der Höhle geglättet, indem störende Holzsplitter mit den Mundwerkzeugen entfernt werden. Wo das nicht möglich ist, werden die Wände mit Propolis bedeckt. Mit Propolis werden auch zugige Stellen der Höhle abgedichtet. Ist das alles geschehen, werden die neuen Waben gebaut.

Eine neue Ewigkeit kann beginnen.

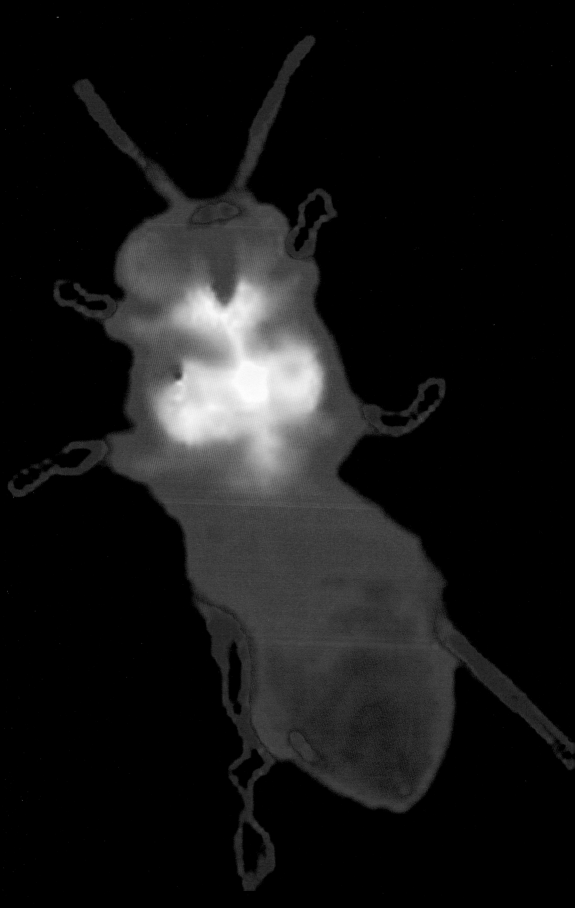

8

Erbrütete Klugheit

Die Brutnesttemperatur ist eine Regel-
größe in der bienengeschaffenen Umwelt,
mit der die Bienen Eigenschaften ihrer
kommenden Schwestern beeinflussen.

Organismen sind den zufälligen Einflüssen ihrer Umwelt ausgesetzt. Amphibien leiden unter Trockenheit, Vögel unter Nahrungsmangel, Schmetterlinge unter Kälte. Die freie Beweglichkeit gibt den meisten Tieren die Möglichkeit, ungünstigen Bedingungen auszuweichen und günstigere Umstände aufzusuchen: Amphibien vergraben sich in den Erdboden, Vögel wechseln ihren Aufenthaltsort, im Extremfall als Zugvögel den Kontinent, Schmetterlinge suchen sonnige Plätze auf. Die Umwelt liefert Angebote, aus denen sich die Tiere die günstigsten Lösungen aussuchen. Wenn das Aussuchen nicht funktioniert oder nicht funktionieren kann, sorgt die Selektion dafür, dass Typen entstehen, die sich in diesem Sinne richtig verhalten oder aber komplett verschwinden.

Die Umwelt ist aber nicht wirklich nur eine Palette, von der sich Organismen bedienen oder unerfreulich „bedient" werden. Die Umwelt wird auch gestaltet. Regenwürmer schaffen sich durch ihre Fress- und Wühltätigkeit im Boden das Substrat, in dem sie leben. Die Blätter von Bäumen schaffen durch ihren Schattenwurf das Lichtklima für unter ihnen sprießende Blätter. Wassertiere beeinflussen durch ihre Ausscheidungen den Säuregehalt kleinvolumiger Tümpel. Aus derartigen Wirkungen auf die Umwelt folgen Rückwirkungen, wenn die beeinflussten Umweltfaktoren nicht neutral sind, sondern sich wiederum auf die Akteure auswirken. Solche Rückwirkungen sind oft negativ, was leicht zu sehen ist, wenn ein Kleinstgewässer von den in ihm lebenden Tieren zu stark angesäuert wird und dann die Verschmutzer töten kann.

Was aber, wenn Lebewesen ihre Umwelt ganz gezielt zu ihrem Vorteil gestalten könnten, wenn sich also gezielt manipulierte, positive Effekte für die Umweltgestalter einstellten? Würde das nicht eine vollkommen neue Qualität in das Spiel „Umwelt, Organismen und Anpassung" bringen?

Und was wäre, wenn die von Organismen gestaltete Umwelt wiederum die Eigenschaften der Organismen bestimmen oder mitbestimmen würde? Ergäbe sich dann nicht ein System, in dem Ursache und Wirkung und überhaupt die Grenzen im klassischen Umwelt-Organismus-Modell verschwimmen?

In evolutionären Zeiträumen gedacht, würde eine aktiv gestaltete Umwelt, die zudem Eigenschaften der in ihr lebenden Organismen beeinflusst, mit den Genen der Umweltgestalter zu einer Entwicklungseinheit verschmelzen, die sich gemeinsam entwickelt.

Auf jeden Fall hätten sich solche Organismen davon befreit, einfach nur Sklaven einer Umwelt zu sein, an die man sich anpassen muss, um zu überleben und sich fortzupflanzen.

Schritte in die Unabhängigkeit von einer vorgefundenen Umwelt haben die Menschen vollzogen, aber auch die Honigbienen. Bei diesen sind die Schritte vielleicht noch gründlicher vollbracht worden als beim Menschen. Bei uns ist die immer ausgefeiltere Raumklimatisierung ein Ausdruck der Gestaltungsmöglichkeiten und damit auch die Unabhängigkeit von einer vorgefundenen natürlichen Umwelt. Es ist allerdings unklar, ob wir uns mit der Klimatisierung unserer Wohn- und Arbeitsräume eine „Wohlfühlsituation" schaffen, die einfach nur bereits vorhandenen Bedürfnissen entgegenkommt, oder ob wir uns durch die geregelte Umwelt über kurz oder lang selbst verändern.

Die staatenbildenden Bienen haben in den 30 Millionen Jahren ihrer Evolution den für uns Menschen noch ausstehenden Nachweis erbracht, dass sie ihre Umwelt zu ihrem Vorteil gestalten.

Wir beginnen erst allmählich, die hochkomplexen und vielfach rückgekoppelten Verhältnisse zwischen den Bienen und ihrer selbst geschaffenen Umwelt zu verstehen. Dabei ist es nach neuesten Erkenntnissen vor allem die Temperatur im Brutnest, der für die gesamte Biologie der Honigbiene große Bedeutung zukommt.

Heiße Bienen und warme Puppen

Das Brutnest der Honigbiene (Abb. 8.1) ist ein extrem wichtiger, sensibler und von den Bienen erstaunlich präzise kontrollierter Teil ihrer Wohnwelt. Dabei ist es ausschließlich der Nestbereich mit gedeckelten Puppen, dessen Temperatur aufs Genaueste geregelt wird.

Imker kennen seit langem die schon mit bloßer Hand spürbare Wärmeentwicklung im Brutnest der Honigbienen. Man glaubte lange Zeit, die Brut erzeuge die lokal hohe Temperatur und erwachsene Bienen hielten sich dort auf, um sich auf-

8.1 Das Brutnest der Honigbiene ist der Abschnitt auf der Wabe, in dem jedes kommende neue Koloniemitglied, von Brutpflegerinnen individuell betreut, seine Entwicklung von der Larve über die Puppe bis zur erwachsenen Biene durchläuft.

8.2 Die thermographische Aufnahme lässt die Temperaturverteilung im Körper einer Heizerbiene sichtbar werden. In der gewählten Falschfarbendarstellung bedeutet blau eine niedrige, gelb eine hohe Temperatur. Ein raffinierter Einsatz des „Gegenstromprinzips" im Kreislauf der Tiere verhindert eine passive Ausbreitung der Wärme in den Hinterleib. Die Hitze bleibt auf den Brustabschnitt beschränkt, wo sie durch Muskelzittern der starken Flugmuskulatur entsteht.

zuwärmen. Diese Meinung erwies sich als falsch und konnte durch weit spannendere Einsichten in das Nestklima der Honigbienen und seine biologische Bedeutung ersetzt werden. Vor allem der Einsatz wärmebilderzeugender Kameras hat uns in Kombination mit geduldigen Verhaltensbeobachtungen und sorgfältigen Manipulationen von Bienen und Bienenkolonien vollkommen neue Einsichten beschert, deren Tragweite noch lange nicht ausgelotet ist.

Tiere können Wärme erzeugen, indem sie energiehaltige Substanzen, in erster Linie Fette und Kohlehydrate, verbrennen oder durch Muskelzittern Wärme erzeugen, wie wir es vom „Zähneklappern" kennen. Die Honigbienen heizen sich durch Flugmuskelzittern auf. Der Flugmuskulatur als starker Maschine, die nicht nur dem Fliegen dient, sind wir bereits in Kapitel 4 bei der Erzeugung von Vibrationspulsen in der Schwänzeltanzkommunikation begegnet. Für die Wärmeerzeugung werden schwächere Vibrationen produziert. Die

Bienen steigern den Energieumsatz dieser Muskeln, indem sie durch einen raffinierten Einsatz kleinster Steuermuskeln bei ausgekuppelten Flügeln mit den starken Flugmuskeln Vollgas geben. Diese Muskeln arbeiten dabei zeitlich sehr exakt abgestimmt genau gegeneinander, so dass ein Muskelzittern entsteht, das die Biene deutlich schwächer in Vibrationen versetzt als die starken Signalvibrationen, die eine Tänzerin mit den Flugmuskeln erzeugt. Das Resultat dieses Wärmezitterns lässt sich im Wärmebild bewundern (Abb. 8.2).

Eine ganze Reihe von Insekten, auch Honigbienen, haben die Fähigkeit entwickelt, ihre Flugmuskulatur durch solches Muskelzittern im Leerlauf aufzuheizen, um sie für den bevorstehenden Flug physiologisch einsatzfähig zu machen. Vermutlich haben bereits die nicht-staatenbildenden Vorfahren der Honigbienen diese Fähigkeit besessen und sie den Honigbienen somit als so genannte Voranpassung oder Präadaptation auf dem Weg zur

Staatenbildung mitgeben können. Diese Erbschaft war eine der wichtigsten physiologischen Voraussetzungen zur Ausbildung der heutigen Lebensform der Honigbienen.

Ähnliche Thermobilder lassen sich für viele Insekten anfertigen, wenn es gelingt, Tiere aufzunehmen, die kurz vor dem Abflug stehen. Nachtschmetterlinge heizen ihre Flugmuskulatur hoch, bevor es auf einen Ausflug in die kühle Nachtluft geht. Das gleiche Hochheizen der Flugmuskeln beobachtet man bei Honigbienen, die sich auf ihren Abflug vorbereiten. Hier liegt wohl die ursprüngliche Funktion einer Fähigkeit, mit der die Bienen schier Unglaubliches vollbringen.

Blickt man durch die Linse einer Wärmebildkamera auf eine Brutwabe, enttarnt man sauber begrenzt auf die gedeckelte Brutnestregion etliche „heiße" Bienen, deren glühender Brustabschnitt auffällt (Abb. 8.3).

Diese Bienen geben ihre Wärme an die unter den Deckeln abgeschlossenen Puppen ab. Um dies effektiv leisten zu können, pressen sie den Brustabschnitt auf den unter der Brust liegenden Zelldeckel. So sitzen sie gut erkennbar eine halbe Körperhöhe niedriger als alle nichtheizenden Bienen auf der Wabe (Abb. 8.4). In dieser Lage verharren sie vollkommen bewegungslos bis zu 30 Minuten. Man könnte diese Bienen für tot halten. Nicht einmal eine Fühlerspitze wird bewegt, sondern in stetigem Kontakt am Brutdeckel vor der Biene gehalten. Da die Fühlerspitze die größte Ansammlung von Sinneszellen in Bienen trägt, die sehr empfindlich auf Wärme reagieren, messen diese Heizerbienen vermutlich ununterbrochen die Temperatur der Wachsdeckel auf den Puppenzellen.

Hält man nach dem ersten Augenschein solche Bienen für ruhend, schlafend oder gar tot, tut man ihnen sehr unrecht. Sie

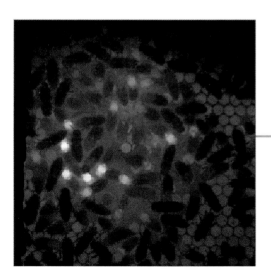

8.3 Auf der thermographischen Aufnahme, in der die heißen Brustabschnitte der Bienen weiß hervortreten, fällt auf, dass „heiße Bienen" im Brutnest auf den gedeckelten Bereich des Brutnestes beschränkt sind. Das umgebende ungedeckelte Wabenareal mit den klar erkennbaren Rändern der Zellen ist frei von Heizerbienen.

sind so aktiv, wie eine Honigbiene überhaupt nur sein kann. Nur noch das anstrengende Fliegen kommt der aufwändigen Tätigkeit einer Heizerbiene nahe.

Mit einer entsprechenden Heizleistung für eine Körpertemperatur von bis über 43 Grad Celsius sind die Tiere in dieser Haltung nach maximal 30 Minuten erschöpft und unterbrechen diese Tätigkeit. Hat eine Heizerbiene das Heizen beendet

und ihre Position aufgegeben, „glüht" der Deckel der wärmebedienten Puppenzelle noch eine Zeitlang nach (Abb. 8.5).

Mit dieser Heizstrategie kann eine Heizerbiene gerade einmal einen einzigen Puppenzelldeckel, der exakt die Größe der Bienenbrust hat, aufwärmen.

Betrachtet ein Heizungsingenieur dieses System der Wärmeübertragung von einer heißen Bienenbrust auf einzelne Zelldeckel, kommen ihm Bedenken hinsichtlich des Wirkungsgrades. Die heiße Biene strahlt Wärme nach allen Seiten ab, nicht nur nach unten zur Puppe, die gewärmt werden soll. Sie verliert mehr Wärme an die Umgebung, als sie auf die unter ihr liegende Zielzelle übertragen kann. Diese Heizmethode erscheint eher wie das Heizen eines Hotelzimmers bei defektem Fenster zu Zeiten des real verflossenen

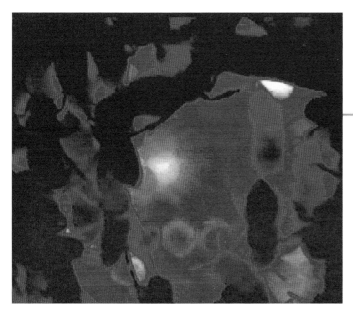

8.5 Schiebt man eine Heizerbiene, die sich bereits eine Zeit lang an einen Zelldeckel angedrückt hat, beiseite, erkennt die Thermokamera einen *hot spot*, hier als gelben Fleck im Zentrum der Abbildung, auf einem Zelldeckel genau dort, wo die Biene ihren Brutabschnitt angepresst hatte.

8.6 Die große Masse der Bienen hält sich in der Region der verdeckelten Brut auf. Mit etwas Mühe entdeckt man die tiefsitzenden Heizerbienen (hier sind vier Heizerbienen markiert, siehe auch 8.7), die vor allem deshalb schwer zu sehen sind, weil sie zum größten Teil unter den nichtheizenden Bienen verborgen sind. Diese nichtheizenden Bienen bilden mit ihren Körpern eine sehr effektive Wärmeisolierung und helfen so mit, die Wärme auf der Brut zu halten.

Sozialismus: nicht die defekten Fenster wurden repariert, sondern die Heizung wurde stärker aufgedreht.

Eine genaue Betrachtung aller Bienen im Bereich der verdeckelten Brut erhellt das Bemühen der Bienen, diese Wärmeverluste so klein wie möglich zu halten (Abb. 8.6, 8.7). Auch die nichtheizenden, aber dicht gepackten Bienen spielen eine wichtige Rolle für die Wärmeisolierung, indem

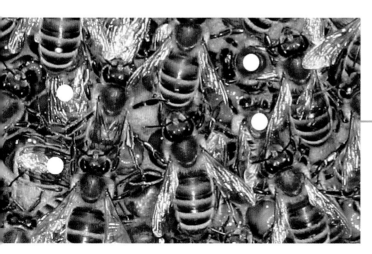

8.7 Vergrößerte Darstellung der in Abbildung 8.6 markierten Region mit vier Heizerbienen, die ihren Brustabschnitt fest auf einen Zelldeckel drücken und so Wärme übertragen.

sie die Wärmeabstrahlung nach außen klein halten.

Damit ist die „Wärmetrickkiste" der Bienen aber noch längst nicht ausgeschöpft. Sucht man nach weiteren Strategien der Bienen, ihre Puppen zu beheizen, findet man in der Tat eine noch viel effektivere Brutwärmmethode, deren Raffinesse erstaunt.

Der Uterus des Superorganismus

Die Anlage des Brutbereiches wird von den Honigbienen immer in der Mitte der Waben begonnen. In Laufe der Zeit dehnt er sich entsprechend der Legeaktivität der Königin nach allen Seiten hin aus. Damit sich der Nachwuchs zur passenden Zeit ungestört verpuppen kann, werden die Zellen im letzten Larvenstadium mit einem Deckel verschlossen. Die gedeckelten Brutbereiche von Bienenwaben sind aber nie über größere Flächen hinweg vollkommen geschlossen. Man findet selbst in den am komplettesten versiegelten Brutbereichen gesunder Bienenvölker einzelne leere Zellen eingestreut, die im Brutbereich gesunder Kolonien in der Regel zwischen fünf und zehn Prozent der Zellen ausmachen. Dieser Prozentsatz kann aber auch in gesunden Bienenvölkern je nach Außenklima unter- oder überschritten werden.

Solche ungenutzten Kinderstubenzellen findet man in allen Stadien einer Brutnestentwicklung (Abb. 8.10). Ein Anteil leerer Zellen im gedeckelten Brutnestbereich, der über 20 Prozent steigt, ist meist durch einen ungewöhnlichen Zustand der Kolonie bedingt, wie durch das Auftreten einer hohen Anzahl diploider Drohnenlarven, die dann von den Arbeiterinnen aus dem Brutnest entfernt werden.

Zellen im Brutbereich, die nicht als Kinderstuben genutzt werden, findet man bereits, nachdem eine Königin einen Brutnestbereich frisch bestiftet hat (Abb. 8.8),

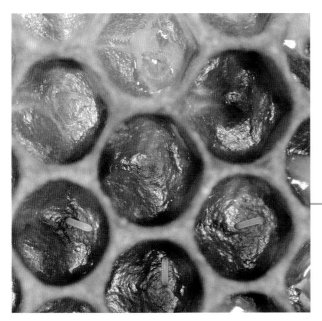

8.8 Die Königin bestiftet nicht jede Zelle. Im Legegebiet der Königin liegen einzelne unbestiftete Zellen eingestreut.

8.9 Sind die Larven geschlüpft und beginnen sich zu entwickeln, werden die leeren Zellen deutlich auffällig.

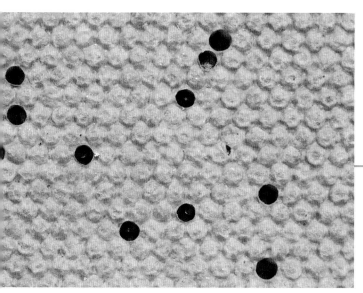

8.10 Der gedeckelte Brutbereich enthält in der Regel fünf bis zehn Prozent leere Zellen, eine Anzahl, die für die Wärmebehandlung der Puppen ideal ist.

folglich auch nach dem Ausschlüpfen der Larven (Abb. 8.9). Und da wird es funktionell interessant, auch im gedeckelten Brutbereich (Abb. 8.10).

Wirklich leer sind diese leer erscheinenden Zellen allerdings selten. Oft sind sie von Bienen besetzt. Die stecken, Kopf voran, in diesen Zellen (Abb. 8.11).

Da von außen und ohne technische Hilfsmittel nicht zu erkennen ist, was diese Bienen in den Zellen tun, wurde diese Verhaltensweise unter „Zelle putzen" oder „Ruhen in Zelle" eingeordnet.

Von außen sieht man von diesen Bienen lediglich die Hinterleibsspitze. Nimmt man sich Zeit und beobachtet das Hinterende dieser Bienen, lassen sich leicht zwei Zustände unterscheiden: Entweder wird das Hinterende kontinuierlich rasch tele-

skopartig vor und zurück bewegt, oder kurze Serien solcher Bewegungen sind von langen Pausen totaler Bewegungslosigkeit unterbrochen. Sucht man den gesamten ungestörten Brutbereich daraufhin ab, findet man die erste Variante häufig, die zweite selten. Um der Frage auf den Grund zu gehen, was diese Bienen in den Zellen tun und ob es unterschiedliche Tätigkeiten sind, ist es notwendig, solche Zellen vorsichtig seitlich zu öffnen. Man sieht die Bienen mit den Beinen nach hinten fest in die Zellen gepackt. So haben sie bereits einmal als Puppen in den Zellen gesteckt, nur damals mit dem Kopf nach außen; nun weist der Kopf nach innen. Abgesehen von den Pumpbewegungen des Hinterleibes sind die Bienen äußerlich betrachtet vollkommen in Ruhe. Richtet

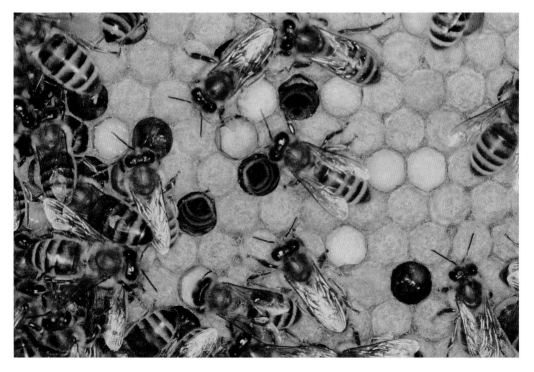

8.11 Drei Arbeiterinnen stecken kopfüber tief in einer der leeren Zellen im gedeckelten Brutnestbereich.

man aber die Thermokamera auf diese Bienen, springt ein extremer Temperaturunterschied zwischen Tieren, die in leeren Zellen stecken, ins Auge (Abb. 8.12).

Die heftig pumpenden Bienen zeigen im Brustabschnitt eine Temperatur von bis zu 43 Grad Celsius, die Körper der nur selten pumpenden Bienen haben dagegen nur Umgebungstemperatur. Die alte Deutung „ruhende Bienen" trifft tatsächlich für den kleinen Teil der kühlen Zellbesetzer zu. Alle übrigen Bienen heizen. Bereits die einfache Betrachtung dieser Verhaltensweise lässt vermuten, dass diese zweite Heizstrategie eine sehr viel effektivere Energielenkung als das Andrücken an die Deckeloberfläche darstellt.

Misst man die Körpertemperatur der zellheizenden Bienen, bevor sie in eine der leeren Zellen kriechen, zeigt sich, dass nicht einfach Bienen mit hoher Körpertemperatur in leere Zellen schlüpfen, sondern dass sich diese Bienen körpertemperaturmäßig auf die Zellbegehung vorbereiten. Zunächst haben sie, wie die anderen Bienen auch, dieselbe Temperatur wie die Luft im Stock. Während sie auf den Waben herumlaufen, erhöhen sie ihre Brusttemperatur und begeben sich erst mit ausreichend hoher Temperatur in die Zelle. Nach einer Zeitspanne von drei bis maximal 30 Minuten verlässt eine solche Biene abgekühlt die Zelle. Diese Zeitbegrenzung des Zellaufenthaltes ist gut nachzuvollziehen. Die

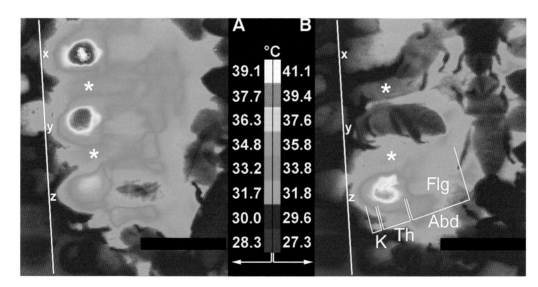

8.12 Wärmebild einer verdeckelten Brutnestregion, längs geöffnet. Vier Heizerinnen mit unterschiedlichen Körpertemperaturen und eine ruhende Biene mit Umgebungstemperatur (blau; y in der rechten Gruppe) füllen dicht beieinander leere Zellen aus. x, y, z markieren die Böden der sechs Zellen, in denen die Bienen stecken. Die Sterne kennzeichnen die Lage von vier Puppen, Abd = Abdomen oder Hinterleib, Flg = Flügel, K = Kopf, Th = Thorax oder Brustabschnitt der Bienen. Die Skala zeigt die Temperatureichung des Wärmebildes.

Körpertemperatur als Dauerleistung derart hoch zu halten, kostet enorm viel Energie. Nach maximal einer halben Stunde sind alle Reserven der Bienen erschöpft.

Eine Heizerbiene produziert aber nicht während der gesamten Aufenthaltsdauer in der leeren Zelle maximale Heizleistung. Immer wieder können Phasen von bis zu fünf Minuten zwischengeschaltet sein, in denen die Bienen ihre Körpertemperatur um bis zu fünf Grad Celsius absacken lassen, um sie anschließend wieder auf volle Heizleistung zu bringen. Diese „Temperaturdurchsacker" erwartet man in einem geregelten System, das eine bestimmte Sollwerttemperatur halten muss. Die Heizung wird gedrosselt, wenn die gewünschte Temperatur überschritten wird und wieder hochgefahren, wenn die Temperatur zu tief gefallen ist. Dieses Verhalten finden wir eingebunden in den Soziophysiologie-Regelkreis „Brutnestklimatisierung" (siehe Kapitel 10).

Bestimmt man das Alter der Bienen, die als Heizerinnen tätig sind, tritt – anders als für viele andere Tätigkeiten im Leben einer Honigbiene – keine Altersklasse besonders in Erscheinung. Die jüngsten Bienen, die sich um das Heizgeschäft bemühen, sind drei Tage alt, die ältesten haben 27 Tage auf ihrem Bienenbuckel.

Süße Küsse für heiße Bienen

Die Energie für die hohe Heizleistung beziehen die Bienen aus dem Honig. Ein starkes Volk kann im Laufe eines Sommers bis zu 300 Kilogramm Honig produzieren. Den geringsten Anteil davon kann man zu einem beliebigen Zeitpunkt im Nest finden, da der Honigumsatz enorm hoch ist. Der Honig dient nicht in erster Linie als Nahrung im klassischen Sinne, d. h. zur Aufrechterhaltung der Lebensfunktionen der Biene, sondern wird zum allergrößten Teil in Wärme für das Brutnest im Sommer und zum Wärmen der Wintertraube in der kalten Jahreszeit eingesetzt. Die großen Honigreserven des Bienenvolkes sind demnach kein Futter im üblichen Sinne, sondern der Honig dient vorwiegend als Brennstoff. Dazu ein paar Daten:

- Der Energiegehalt eines nektarvollen Kropfes einer heimkehrenden Sammelbiene beträgt 500 Joule.
- Der Energieverbrauch einer Sammelbiene beträgt pro Flugkilometer etwa 6,5 Joule. Für einen mittelweiten Ausflug muss sie demnach 10 Joule aufbringen. Sie bringt also 50 Mal so viel Energie zurück ins Nest, wie ein solcher Ausflug kostet.
- Eine Sammelbiene trägt im Laufe eines durchschnittlichen Lebens fünfzig Kilojoule ins Nest.
- Die Sammelstreitmacht eines Volkes, an der sich im Laufe eines Sommers alles in allem mehrere 100 000 Tiere beteiligen, schleppt in einer Sommersaison in mehreren Millionen Sammelflügen etwa 3–4 Millionen Kilojoule an Energie ins Nest.
- In einem Milligramm Honig stecken im Zucker gebunden zwölf Joule chemische Energie. Die Verbrennung von einem Kilogramm Honig erbringt demnach 12 000 Kilojoule.
- Pro Sekunde Thorax-Heizleistung verbraucht eine Biene, um bei sommerlicher Umgebungstemperatur 40 Grad Celsius zu erreichen und zu halten, 65 Millijoule.

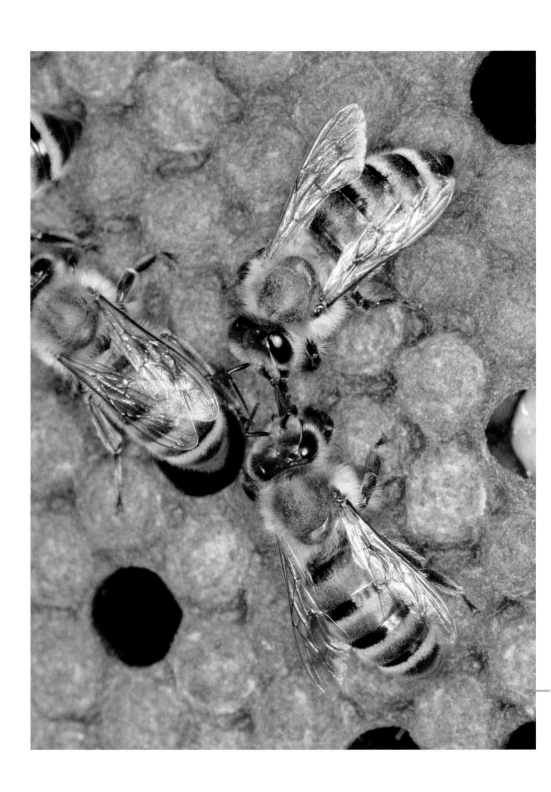

- Nach einer maximalen Heizperiode von 30 Minuten hat eine solche Heizbiene 120 Joule verbrannt, die sie vor allem aus dem Zucker in ihrer Hämolymphe bezieht.
- Während der gesamten Brutperiode verbrennen Heizerbienen mit etwa zwei Millionen Kilojoule mehr als zwei Drittel der im Sommer insgesamt verbrauchten Energie.
- Die zur Brutnesttemperierung erzeugte Wärmeenergie entspricht einer Dauerleistung von 20 Watt. Würden die Bienen diese Energie in eine Glühbirne stecken, könnten sie ihr dunkles Nestdasein recht gut erhellen.
- Etwa 400 Kilojoule werden zur Temperierung der Wintertraube verbrannt. Das restliche Fünftel der von den Bienen im Sommer eingesammelten Energiemenge dient allen anderen Aktivitäten der Bienen als Energiequelle.

Die Honigvorräte befinden sich in der Regel am Rande einer Wabe in maximaler Entfernung vom beheizten Brutnest. Um vor allem bei kühler Witterung die Heiztätigkeit nur möglichst kurz unterbrechen zu müssen und den Heizbienen weite Wege zum Nachtanken zu ersparen, sind „Tankstellenbienen" unterwegs. Diese Bienengruppe sucht ganz gezielt nach „heißen Bienen" und gibt ihnen „süße Küsse". Die direkte Nektar- oder Honigübertragung von Bienenmund zu Bienenmund heißt Trophallaxis (Abb. 8.13).

Für die Tankstellenbienen bedeutet dies, dass sie in totaler Finsternis energetisch erschöpfte Heizerbienen mit etwas Restkörperwärme finden müssen. Die hochempfindlichen Temperatursinneszellen auf den Fühlern leiten die Bienen bei ihrer Suche. Eine Untersuchung der Qualität der in diesen Zweiergespannen übertragenen Nahrung zeigt, dass es sich um hochkonzentrierten Honig mit maximalem Energiegehalt handelt und nicht etwa um noch unreifen Honig oder gar Nektar, von denen erhebliche Ströme zwischen den Bienen auf der Wabe fließen.

Die Tankstellenbienen beladen sich an offenen oder bereits verdeckelten Honigzellen, deren Wachskappe sie erst entfernen müssen (Abb. 8.14), und machen sich dann auf die Suche nach energiebedürftigen Bienen. Dieses Verhalten nimmt mit steigender Lufttemperatur im Brutnest zu. Das macht biologisch Sinn, denn in der Regel resultiert eine hohe Lufttemperatur in der Brutregion von der Aktivität vieler Heizbienen, die nach erledigter Aufgabe entsprechend energiehungrig sind.

Aber auch für eine gewisse Selbstversorgungsmöglichkeit im Brutbereich ist gesorgt. Leere Zellen im gedeckelten Brutnestbereich werden oft als kurzzeitige Zwischenspeicher genutzt, und man findet sie häufig mit Nektar gefüllt (Abb. 8.15), nur um nach kurzer Zeit wieder geleert zu sein. Diese Zellen dienen den energiehungrigen Bienen offenbar als „Tankstellen der kurzen Wege", bieten aber nicht so hochwertige „Energiespritzen" wie der von Mund zu Mund übertragene reife Honig.

8.13 Übergabe von hochwertigem Honig von einer Spenderbiene (unten), die einer erschöpften Heizerbiene (oben) per Trophallaxis eine „Energiespritze" verpasst.

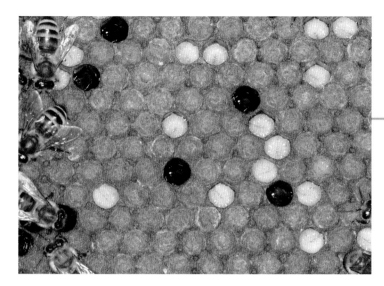

8.15 Mit Nektar gefüllte Zwischentanks im Brutnest.

Das richtige Mischungsverhältnis von leeren Zellen, gefüllten Zwischentanks und honiganbietenden Tankstellenbienen ergibt sich aus der Umgebungstemperatur. Ist diese über eine längere Zeitspanne sehr niedrig, werden viele leere Zellen eingestreut, ist sie kurzfristig hoch, werden leere Zellen nicht nur zum Heizen, sondern als Nektarzwischenlager genutzt (Abb. 8.16).

Aber auch nicht aktiv wärmende Bienen, die eine „Bienenschicht" auf den Brutwaben bilden, tragen ihren Teil zur Temperaturregulierung bei, indem sie als passive Isolierung wirken. Eine solche Isolierung kann sowohl gegen Wärmeverlust von innen als auch gegen Überhitzung von außen einen Beitrag leisten.

Um die für die Puppen optimale Raumtemperatur aufrechtzuerhalten, müssen die Bienen nicht nur heizen, sondern auch kühlen können. Letzteres ist zwar in Mitteleuropa deutlich seltener notwendig als das Heizen, aber schon eine kurze Hitzewelle kann der empfindlichen Brut Schaden zufügen.

Gekühlt wird mit der gleichen Methode, wie sie der Mensch für seine *Airconditioner* nutzt. Es wird Verdunstungskälte erzeugt.

Spezialisierte Arbeitsbienen sammeln an heißen Tagen bevorzugt Wasser vom feuchten Untergrund, aber auch vom Rand offener Gewässer (Abb. 8.17).

Das Wasser wird in den Stock transportiert und dort als feiner Film über die Ränder der Zellen oder die Zelldeckel ausgestrichen. Wird dann noch mit den Flügeln ventiliert (Abb. 8.18), wie der große Bienenforscher Martin Lindauer (1918–2008)

8.14 Bienen, deren Aufgabe die Energieversorgung von Heizerbienen im Brutnest ist, öffnen verdeckelte Honigzellen, um den energetisch erschöpften Heizerbienen ein optimales „Doping" zukommen zu lassen.

8.16 Heizerbienen bedienen sich gerne aus Zwischentanks im Brutnest, soweit vorhanden. Solche Zellen sind immer nur für eine kurze Zeitspanne gefüllt und enthalten keinen Honig, sondern „nur" dünnen Nektar.

8.17 Wird es im Bienenstock zu heiß, suchen Wassersammlerinnen nach Möglichkeiten, Wasser aufzunehmen, das sie dann im Stock als kleine Tröpfchen und dünnen Film verteilen.

8.18 Haben die Wassersammlerinnen ihre Fracht als dünnen Wasserfilm ausgebracht, treten Nestgenossinnen als lebende Ventilatoren in Aktion. Der so erzeugte Luftstrom lässt das Wasser verdunsten und erzeugt Kühle.

8.19 Ist ein umfangreicherer Luftaustausch gefragt, ordnen sich Bienen als Ventilatorenkette vor dem Flugloch an und ziehen so die alte, zu warme oder zu kohlendioxidhaltige Luft aus dem Stock.

8.20 Die Zeitdauer, die eine leere Zelle im Brutnest mit einer Heizerbiene besetzt ist, richtet sich unter anderem nach der Anzahl der Puppen, die an diese Zelle angrenzen. Je mehr Puppen in der direkten Nachbarschaft, desto dauerhafter die Besetzung einer leeren Zelle durch Heizerbienen.

schon vor fünfzig Jahren erkannt hat, erzeugen diese „Flüge im Stand" einen Luftstrom, der das Wasser verdunsten lässt und die Temperatur im Stock senkt. Der Luftstrom wird dabei von Bienen erzeugt, die direkt auf den Waben sitzen oder vor dem Stockeingang stehen.

Ist eine besonders massive Durchlüftung des Bienennestes gefragt, organisieren sich die Ventilatorbienen zu räumlichen Anordnungen und verbinden ihre kleinen Einzelanstrengungen zu einer strömungstechnischen Großleistung (Abb. 8.19).

Stellgrößen, mit denen die Bienen sehr kleinräumig lokale Brutnestheizungen einstellen können, bestehen in der Körpertemperatur der Heizerbienen und in der Dauer, die sie in den leeren Zellen verbringen. Beide Größen hängen auch davon ab, wie die Umgebung der jeweiligen leeren Zelle beschaffen ist.

Eine leere Zelle wird nur dann zur Heizung eingesetzt, wenn sie an mindestens eine gedeckelte Puppenzelle angrenzt. In einem solchen Fall hat die Heizerbiene eine mittlere Körpertemperatur von 33 Grad Celsius. Liegt die betrachtete leere Zelle zwischen der geometrisch vorgegebenen Maximalzahl von 6 gedeckelten Puppenzellen, heizen sich die Heizerbienen auf 41 Grad Celsius hoch. Für die Nachbarzahlen zwei bis fünf gelten steigende Temperaturwerte dazwischen.

Ebenso klar ist das Bild, was die Besetzungsdauer leerer Zellen in unterschiedlicher Umgebung angeht. Solche, die an fünf oder sechs gedeckelte Puppenzellen angrenzen, sind zu 100 Prozent der Zeit mit einer Heizerbiene besetzt. Verlässt eine Heizerin energetisch erschöpft die Zelle, rückt an ihre Stelle sofort eine Nachfolgerin in diese Zelle ein.

Grenzt eine leere Zelle lediglich an eine einzige gedeckelte Puppenzelle, ist sie nur zu zehn Prozent der Beobachtungszeit besetzt; ist sie zu drei gedeckelten Brutzellen benachbart, ist sie schon zu 70 Prozent der Zeit mit einer Heizerin gefüllt (Abb. 8.20).

Die gebackenen Schwestern oder Genetik ist nicht alles

Der Großteil des Energieflusses von den energiereichen Zuckerverbindungen im Nektar der Pflanzen in den Honig (für dessen Zustandekommen die Honigbienen absolute Spitzenleistungen in Organisation und Kommunikation erbringen) wird schlicht in Wärme verwandelt (Abb. 8.21). Dabei handelt es sich nicht etwa um den üblichen physikalisch unvermeidlichen Verlust, der bei jedem Energiewandel- und Transportgeschäft auftritt, sondern der Honig wird verbrannt, um gezielt Wärmeenergie freizusetzen.

Wozu dieser gigantische Aufwand, auf den so viele Bereiche der Biologie der Honigbienen zugeschnitten sind?

Vor allem zwei Erklärungsmöglichkeiten für die hohe Brutnesttemperatur der Honigbienen liegen auf der Hand:

- Erstes Argument: Die hohe Brutnesttemperatur gestattet einer Bienenkolonie, nach dem Winter im Frühjahr sehr rasch in Gang zu kommen und so vor der Konkurrenz die Frühblüher auszubeuten. Je höher dabei die Bruttemperatur, so diese These, desto kürzer die Entwicklungsdauer, und desto rascher fährt die Kolonie ihre Volksgröße hoch. Allerdings werden in einem Bienenvolk in der Brutsaison kontinuierlich Jungbienen erzeugt, sie folgen nicht wie echte Generationen aufeinander. Es ist also für den kontinuierlich aufgestockten und nachgefüllten Bestand des Bienenvolkes gleich, ob die einzelne Biene ein paar Tage mehr oder weniger für ihre Entwicklung benötigt hat. Eine Brutnesttemperatur von 32 Grad Celsius, bei

der durchaus noch lebensfähige Bienen entstehen, würde aber der Kolonie im Unterschied zu einem 35 Grad Celsius warmen Brutnest deutliche Energieeinsparungen ermöglichen. Wieso ist also die Brutnesttemperatur so hoch?

Die Königin durchläuft die mit Abstand kürzeste Entwicklungszeit. Ihre Puppenphase beträgt im Schnitt etwa fünf Tage, diejenige einer Arbeiterin hingegen zehn bis dreizehn Tage. Ist die Temperatur einer Weiselwiege also deutlich höher als die der Arbeiterinnenzellen? Keineswegs. Messungen haben ergeben, dass die Temperatur einer Königinnenpuppe bei 35 Grad Celsius liegt. Um die Weiselwiege zu heizen, wird sie von wärmenden Bienen dicht eingepackt.

Unbestritten ist ein positiver Zusammenhang zwischen Entwicklungsdauer und Puppentemperatur, der sich für jedes Insekt zeigen lässt und aus biochemischen Gründen auftritt. Wie oben ausgeführt, ist dieser Aspekt aber als Antrieb für die Evolution des Heizverhaltens eher unwahrscheinlich.

- Das zweite Argument zum Nutzen der Heizfähigkeit der Bienen vor allem in klimatisch gemäßigten Regionen klingt sehr viel überzeugender: Die Honigbienen sind in den Tropen entstanden und haben auch dort die Evolution bei derart hohen und konstanten Brutnesttemperaturen durchgemacht. Mit einer perfekten Heizung als Präadaptation ausgestattet, waren sie dann für das Eindringen in die gemäßigten Breiten mit ihren harten Wintern bestens vorbereitet. So schaffen sie es, in der Wintertraube aus dicht sitzenden Bienen die Temperatur des Außenmantels nicht unter 10

Grad Celsius sinken zu lassen, eine Temperaturgrenze, unterhalb derer die Bienen bewegungsunfähig werden. Und im Schutz der Wintertraube kann sehr früh im Jahr neue Brut angesetzt werden.

Das zweite Argument beantwortet aber nicht die Frage, warum bereits in den Tropen die Brutnesttemperatur für die Puppenphase derart hoch und präzise eingestellt wurde. Beim Einstellen der gewünschten Puppentemperatur ist dort auch eher die Kühlung als die Heizung das Problem. Tropische Honigbienen benötigen in heißen Klimazonen einen entsprechend geringeren Brennstoffvorrat, also weniger Honigproduktion und -lagerung.

Ein Ansatz für eine Antwort auf die Frage nach dem Nutzen des sozialen Heizwerkes für die Kolonie ergab sich aus dem Studium der Eigenschaften von Honigbienen, die sich als Puppen bei unterschiedlichen Temperaturen entwickelt hatten.

Vor einer Manipulation der Puppentemperatur musste festgestellt werden, wie die Temperaturverläufe im ungestörten Brutnest sind, während die Puppen von den Heizbienen einer Wärmebehandlung unterzogen werden.

Feinste Temperaturmessfühler, so in gedeckelte Puppenzellen installiert, dass die Puppen dabei nicht verletzt wurden, ergaben vier interessante Einsichten:

- Die aktuellen Temperaturen der Puppen in einem natürlichen Brutnest sind in einem bestimmten Bereich sehr konstant, schwanken aber in vielen Zellen leicht um einen Mittelwert. Die Dauer der einzelnen, ganz langsamen Schwankungen liegt zwischen dreißig Minuten und einer Stunde. Die Höhe der Schwankung kann dabei etwa 1,0 Grad Celsius in beide Richtungen betragen.
- Die Puppentemperaturen sind im zeitlichen Mittel für jede betrachtete Puppe konstant.
- Die Mittelwerte der Temperaturen unterschiedlicher Puppen liegen um mehrere Grad Celsius auseinander. Sie reichen von 33 bis 36 Grad Celsius.
- Die Richtung der Temperaturänderungen während der langsamen leichten Schwankungen ist nicht für alle Puppen gleich. Sie müsste jedoch gleich sein, wenn die Brutnesttemperatur insgesamt wie in einem einzigen zusammenhängenden Brutraum schwanken würde. Stattdessen steigt die Temperatur einer Puppe, während zeitgleich die einer anderen, dicht benachbarten Puppe sinken kann.

Man könnte diese vier Entdeckungen so zusammenfassen: Die Arbeiterinnenpuppen der Honigbienen (Abb. 8.22) erhalten individuell unterschiedliche „persönliche" Wärmebehandlungen durch die Heizerbienen.

Hat diese unterschiedliche Wärmebehandlung Folgen für die entstehenden Honigbienen?

Die Puppenphase der Honigbienen dauert für die Arbeitsbienen etwa neun Tage,

8.21 Wenn man es ganz genau nähme, dürfte man die Blüten nicht als die Futterplätze der Bienen und das Einsammeln von Nektar nicht als Futtersammeln bezeichnen, sondern müsste von Energielagerstätten und dem Einsammeln von Energieträgern sprechen. Die Honigproduktion im Nest wäre dann die Raffinerie des Rohmaterials.

für die Drohnen etwa zehn Tage und für die Königin etwa sechs Tage. In dieser Zeit verwandelt sich die Biene von der Larve in die Honigbiene. In dieser als Metamorphose bezeichneten Verwandlung werden wesentliche Eigenschaften der erwachsenen Biene festgelegt. Die Eigenschaften einer einzelnen Honigbiene unterscheiden sich zunächst in nichts auffallend von denen anderer Insekten. Ihr Aufbau und ihre Funktion sind insektentypisch und von einem idealisierten Grundbauplan kaum weiter abweichend als bei anderen Insekten, die an spezielle ökologische Nischen angepasst sind.

Sucht man nach einem Merkmal, das für die einzelne Biene des Superorganismus typisch ist, könnte man die Plastizität an erste Stelle setzen. Im Laufe ihres Lebens führen die Arbeiterinnen nacheinander altersabhängig unterschiedliche Tätigkeiten aus. Die seit langem bekannten „klas-

sischen Berufe" sind in der Reihenfolge ihres Auftretens in einem ungestörten Bienenvolk: Zellreinigung, Verdeckeln der Brut, Brutpflege, Hofstaat der Königin, Nektar abnehmen, Honig erzeugen, groben Schmutz entfernen, Pollen einstampfen, Waben bauen, Luftstrom erzeugen, Wächterbiene, Sammelbiene. Eine sorgfältige Mikroverhaltensforschung, die sich mit aufwändiger Technologie auf einzelne Bienen konzentriert, lässt diese Liste ständig weiter wachsen, so zuletzt um Heizerbiene und Tankstellenbiene, die für den Energienachschub der Heizerbienen zuständig ist (Abb. 8.23–8.26).

Unterschiedliche Tätigkeiten bedeuten unterschiedliches Verhalten, und Verhalten wird vom Nervensystem bestimmt. Das Nervensystem der Honigbienen muss demnach eine ausgeprägte Fähigkeit zur Veränderung besitzen. Auffallend und sehr ungewöhnlich ist die Tatsache, dass die

8.22 Die Puppen liegen ordentlich ausgerichtet auf dem Rücken in ihren Zellen.

8.23 Jede Honigbiene kann im Prinzip jeden Beruf ausüben, der in einem Bienenvolk beobachtet wird. Die Qualität der erbrachten Leistung und die Häufigkeit, mit der einzelne Bienen die Tätigkeiten ausüben, sind individuell sehr unterschiedlich. Fächlerinnen treten in Aktion, wenn Umluft im Nest gebraucht wird, zum Beispiel zur Eindickung von Honig, zur Verdunstung von Wasser für Kühlzwecke und zum Austausch der Nestluft bei zu hoher Kohlendioxidkonzentration.

8.24 Das Pollensammeln wird meist von Bienen durchgeführt, die auf diese Aufgabe spezialisiert sind. Nur etwa fünf Prozent der Sammelbienen bringen sowohl Pollen als auch Nektar zum Nest zurück.

Menge an einem bestimmten Hormon, dem Juvenilhormon, mit dem Alter der Bienen zunimmt. Wie es seine Bezeichnung besagt, ist die Menge an Juvenilhormon normalerweise bei jungen Insekten am höchsten und sinkt dann während des Erwachsenenlebens ab. Das bei den Bienen im Lebenslauf ansteigende Juvenilhormon ist höchstwahrscheinlich auch dafür verantwortlich, dass Bienen „altersklug" werden und als alte Flugbienen lernfähiger als die jungen Stockbienen sind. Biologisch macht das großen Sinn, da die Bienen ihre Senioren in die feindliche Welt schicken und die Aufgaben außerhalb des Nestes nicht nur gefährlicher, sondern auch anspruchsvoller sind als im Innendienst.

Eine einzelne Biene wird nicht in jedem Fall alle aufgeführten Tätigkeiten ausüben können. So werden nur wenige Bienen für den Hofstaat gebraucht oder dazu, den engen Eingang zum Nest zu bewachen. Auf die einzelne Tätigkeit bezogen kann eine Biene eine Arbeit oft ausüben oder eher selten. Entscheidend für die Häufigkeit einer Tätigkeit ist die Empfindlichkeit der Biene für die Reize, die eine entsprechende Handlung auslöst. Ist sie sehr empfindlich, wird sie schon bei schwachen Reizen aktiv, ist sie sehr unempfindlich,

wird sie nur bei starken Reizen, also entsprechend seltener, tätig (▶ Kapitel 10).

Für jede einzelne Biene lässt sich eine Liste der Auftretenshäufigkeiten der unterschiedlichen Tätigkeiten erstellen. Bei der Festlegung der aktuellen Berufsausübung kommt dem Alter der Biene und dem sozialen Umfeld im Superorganismus die Hauptrolle zu. Wie bei allem in der belebten Welt spielt aber auch hier eine genetische Komponente eine Rolle. Einflussreicher als der direkte genetische Beitrag auf das lebenslange Berufsbild einer Honigbiene ist jedoch die Temperatur, bei der eine Puppe sich zur fertigen Biene entwickelt. Und da die Nestklimatisierung durch Heizerbienen ausgeübt wird, deren Verhalten wiederum durch deren Entwicklungsbedingungen und genetische Veranlagung bestimmt wurde, erleben wir ein hochkomplexes Ineinandergreifen von Umwelt und Erbgut, das dem Superorganismus eine hohe Anpassungsfähigkeit an konkrete Notwendigkeiten erlaubt.

Werden Bienenpuppen künstlich bei den unterschiedlichen Temperaturen aufgezogen, wie wir sie in einem ungestörten Bienennest finden, zeigt sich, dass die Häufigkeit von Verhaltensweisen von dieser Aufzuchttemperatur abhängig ist. Bestimmte Innendiensttätigkeiten werden bevorzugt von Bienen ausgeübt, die aus kühleren Puppen geschlüpft sind, andere bevorzugt von Bienen, die aus wärmeren Puppen stammen. Untersuchen wir das Kommunikationsverhalten als wichtige Stütze des Sammelerfolges eines Bienenvolkes, stellen wir fest: Bienen, die sich im Tanz ausdauernd und exakt mitteilen, sind vor allem diejenigen, die sich nahe bei 36 Grad Celsius, der Höchstgrenze, die wir im Brutnest finden, entwickelt haben. Diese

8.25 Wächterbienen verwehren stockfremden Bienen und allen anderen Eindringlingen den Zugang zum Nest. Falls das nicht funktioniert, verfolgen sie die Fremdlinge bis tief in das Nest hinein.

8.26 Bein Wabenbau bilden die beteiligten Bau-bienen auch lebende Ketten, deren Bedeutung vollkommen unklar ist.

Bienengruppe besitzt auch bessere Lernfä-higkeiten und ein besseres Gedächtnis als ihre kühleren Schwestern.

Die Aufzuchttemperatur der Bienen-puppen beeinflusst sogar die Lebens-spanne der Bienen. Erwachsene Sammel-bienen leben in der Regel etwa vier Wochen lang und werden vom Imker als Sommer-bienen bezeichnet. Tiere, die den Winter überleben und in der folgenden Saison noch einmal als Sammelbienen aktiv sind, die Winterbienen, können bis zu zwölf Monate alt werden. Es hat sich gezeigt, dass die Wahrscheinlichkeit eine langle-bige Winterbiene zu werden, für die Pup-pen mit der niedrigsten Brutnesttempera-tur am größten ist.

Die Tatsache an sich, dass die Tempera-tur, bei der die Verwandlung von der Larve über die Puppe zum erwachsenen Insekt stattfindet, das Resultat dieser Verwand-lung beeinflusst, ist nicht überraschend und von zahlreichen Experimenten an anderen Insekten bekannt. Einzigartig ist aber, dass die Honigbienen selbst bestim-men können, bei welchen Temperaturen die Geschwister heranwachsen. Die uralte Biologenweisheit, dass Umwelt und Erb-gut gemeinsam die Eigenschaften von Organismen bestimmen, wird hier nicht nur bestätigt, sondern um die erstaunliche Erkenntnis erweitert, dass Honigbienen eine direkte Rückkopplungsmöglichkeit zwischen diesen beiden gestaltenden Grö-ßen gefunden haben.

9

Honig ist dicker als Blut – oder: Wie wichtig sind Verwandte?

Die engen Verwandtschaftsverhältnisse in einem Bienenvolk sind Folge, aber nicht Ursache ihrer Staatenbildung.

Die Entstehung der Organisationsform der Honigbienen als derzeit höchste Organisations- und Komplexitätsebene in der Welt des Lebendigen war ein Schritt in der Evolution des Lebens, auf den man warten konnte (▶ Kapitel 1). Die Frage, wann dieser Schritt tatsächlich geschehen würde, hängt eng zusammen mit der Frage nach den Voraussetzungen, unter denen eine derartige Entwicklung überhaupt geschehen konnte. Eine theoretische Erwartung allein führt noch nicht zu praktischen Folgen, wenn die Voraussetzungen dafür nicht gegeben sind. So war auch in der Evolution das tatsächliche Auftreten des Quantensprungs zu Superorganismen an das zufällige Auftreten einer „technischen Voraussetzung" gebunden, die eine Entstehung dieser Lebensform stark begünstigte. Um es bildhaft darzustellen: Der Mensch hat sich lange theoretisch gewünscht und vorgestellt, fliegen zu können, bevor er dies in die Tat umsetzen konnte. Diese Umsetzung wurde erst möglich, als die Bausteine beisammen waren, um funktionierende Flugmaschinen zu bauen.

Was aber waren die „technischen" Voraussetzungen für die Entstehung der staatenbildenden Honigbiene? Was gilt für die Bienen, das offenbar nicht für Libellen, Wanzen oder Käfer gilt, die ja keine Superorganismen hervorgebracht haben?

Der große Evolutionsbiologe Charles Darwin (1809–1882) hat staatenbildende Honigbienen keineswegs als zwangsläufig entstanden akzeptiert, sondern ganz im Gegenteil in der Existenz der Honigbienen ein Problem gesehen, das seine gesamte Evolutionstheorie in Bedrängnis bringen könnte. Nach seiner Auffassung ist die erste Voraussetzung für Evolution eine Anzahl an Nachkommen, die größer ist, als zur Bestandserhaltung unbedingt erforderlich. Nur wenn es entsprechend viele Nachkommen gibt und wenn diese unterschiedlich ausfallen, kann der nächste Schritt, die Selektion, erfolgen. Bei den Honigbienen war er aber mit einem Organismus konfrontiert, bei dem sämtliche Weibchen eines Volkes bis auf eine einzige Ausnahme, die Königin, keine eigenen Nachkommen haben. So schrieb Darwin in seinem großen Werk *Die Entstehung der Arten*, dass die Honigbienenarbeiterinnen sehr schwierig in seiner Theorie unterzubringen seien. Sie unterscheiden sich in Verhalten und Gestalt von den sich fortpflanzenden Bienenmännchen (Drohnen) und Bienenweibchen (Königinnen), können aber diese abweichenden Eigenschaften, da sie ja steril sind, gar nicht weitergeben. Aber sie tun es offenbar doch … Nur wie tun sie es?

Darwin fand für diese ihm Kopfschmerzen bereitenden Überlegungen eine kluge und ihn beruhigende Lösung. Die oben geschilderten konzeptionellen Probleme werden deutlich kleiner, wenn man davon ausgeht, dass die Selektion nicht nur an Individuen, sondern an der Kolonie als Ganzem eingreifen könnte. So gesehen wären es laut Darwin die kompletten Kolonien, die untereinander um die größte Anzahl an Nachkommen konkurrieren und nicht jede Einzelbiene für sich. Die Kolonie wäre in diesem Fall die Einheit der Evolution und nicht die Einzelbiene.

Die moderne Evolutionsbiologie fasst die Vorstellung einer Evolution von Kolonien als geschlossene Einheiten unter dem Begriff der Gruppenselektion zusammen.

Man kann mit gutem Grund vermuten, dass Darwin um die „ganzheitliche" Auffassung von einer Bienenkolonie als einem zusammenhängenden Wesen („ein Säugetier in vielen Körpern") wusste, die insbesondere von den deutschen Imkern vertreten wurde. Folgerichtig muss ein solches Wesen auch mit anderen entsprechenden Wesen so in Konkurrenz stehen, wie es sonst für einzelne Organismen zutrifft.

Es blieb auch nach Darwin umstritten, wieso ausgerechnet bei den Bienen und deren Verwandten, den Hummeln, Wespen und Ameisen, die einzelnen Arbeiterinnen darauf verzichten, innerhalb der Kolonie über die Anzahl eigener Nachkommen mit anderen Koloniemitgliedern zu konkurrieren. Der Verzicht auf eigene Nachkommen erscheint doch geradezu als eine gänzliche Aufgabe der eigenen Interessen und ein Ausklinken aus der individuellen Konkurrenz um möglichst viele eigene Nachkommen.

Überraschenderweise ist es gerade der Verzicht auf eigene Nachkommen, der bei den Honigbienen eine erfolgreiche Maßnahme zur Verbreitung der eigenen Gene darstellt.

Die besondere genetische Verwandtschaft unter den Honigbienen

Diese seltsame Situation lässt sich besser verstehen, wenn man sich in eine sehr elegante Betrachtungsweise vertieft, die vor allem durch den englischen Biologen William D. Hamilton (1936–2000) populär geworden ist.

Die Kernüberlegung dazu geht wie folgt: Sich entsprechende Gene, die an gleicher Stelle auf den sich entsprechenden Chromosomen der Organismen sitzen (jeweils zwei Stück im Falle diploider Lebewesen) und das gleiche Merkmal beeinflussen, heißen Allele. Allele können in unterschiedlicher Form auftreten und so die Basis für die Variabilität der Gene bilden. Allele werden nicht nur direkt von Eltern zu Kindern weitergegeben, sondern Kopien von ihnen existieren auch in leiblichen Geschwistern und deren Kindern, in Cousins und Cousinen, in Onkeln und Tanten, in der gesamten leiblichen Verwandtschaft. Die Wahrscheinlichkeit, auf ein gleiches Allel wie in einem konkreten Individuum zu stoßen, sinkt jedoch, je entfernter verwandt das betrachtete Wesen ist. Dem einzelnen Allel kann es für die Bilanz, um wie viel besser es sich als konkurrierende Allele in einer Population ausbreitet, vollkommen gleichgültig sein, in welchem Träger es unterwegs ist. Also könnte ein Verhalten, das Verwandte in der Erzeugung und Aufzucht von Jungen unterstützt, durchaus auch für den Unterstützer und seine Allele vorteilhaft sein, selbst wenn er dabei auf eigene Nachkommen verzichtet. Ein solcher Verzicht ist dann nicht von Nachteil, wenn seine Allele entsprechend häufig in der Verwandtschaft auftreten.

Verwandtenselektion, eine Theorie, entwickelt von den beiden britischen Biologen John Maynard Smith (1920–2004) und William D. Hamilton unter Beachtung der Allelverteilung in einer Gruppe verwandter Organismen, hat eindeutig Konsequenzen für Überlegungen zur Entstehung von kooperativem oder im Extrem „altruistischem" Verhalten bei Tieren. Sie bietet auch die Erklärungsbasis für das Überschreiten einer Schwelle vom „Einzelkämpfer" zum sozialen Wesen in der Evolution der Honigbienen.

Diejenigen Allele, die sich im verzweigten Verwandtennetz am erfolgreichsten ausbreiten, existieren „egoistisch" auf Kosten der unterlegenen Allele. Die Sichtweise, dass sich Allele „egoistisch verhalten" und nur darauf aus sind, möglichst viele Kopien von sich selbst in der Welt zu verbreiten, ist in dem sehr einflussreichen Buch *Das egoistische Gen* des britischen Biologen Richard Dawkins (geb. 1941) plakativ dargestellt: Diejenigen Allele, die die meisten Kopien von sich anfertigen können, sind erfolgreich auf Kosten der Verlierer. Sie erscheinen einem Betrachter wie sich egoistisch verhaltende Einheiten.

Betrachten wir nun unter dem Gesichtspunkt der „Verbreitungssucht der Allele" die Honigbienen.

Honigbienen zeigen wie alle Hautflügler, auch die riesengroße Fülle der nichtstaatenbildenden Arten, einen ungewöhnlichen Mechanismus zur Festlegung des Geschlechts einer sich entwickelnden Biene. Bienen aus unbefruchteten Eiern haben einen einzigen Chromosomensatz, den haploiden Chromosomenbestand. Bienen aus befruchteten Eiern haben zwei Chromosomensätze, einen diploiden Chromosomenbestand. Honigbienen besitzen ein einziges Gen zur Geschlechtsbestimmung, das in unterschiedlichen Allelen auftreten kann. Ist eine Biene für dieses Gen homozygot (die Allele sind identisch), wie dies für alle haploiden Individuen der Fall ist (sie besitzen nur ein einziges Allel), so entwickelt sich ein männlicher Organismus. Ist eine Biene für dieses Gen heterozygot (die Allele sind unterschiedlich), entwickelt sich ein Weibchen. Ist ein diploides Bienenei für das Sexgen homozygot, was nicht einmal selten vorkommt, entsteht ein diploider Drohn, der von den Arbeiterinnen meistens bereits als Larve getötet wird.

Diese Art der Geschlechtsbestimmung über die Anzahl der Chromosomensätze, die Haplodiploidie, hat seltsame Konsequenzen:

- Männchen haben keine Väter, da sie aus unbefruchteten Eiern entstehen. Demnach haben Männchen keine Söhne, sondern höchstens Enkelsöhne.
- Haben ein Männchen und ein Weibchen Töchter, so haben diese Töchter untereinander mehr Allele gemeinsam, als sie mit ihren eigenen Kindern hätten.

Um diese merkwürdige Tatsache zu verstehen, soll ein Gedankengang in kleinen Schritten aufgebaut werden:

- Der französische Biomathematiker Gustave Malecot (1911–1998) hat 1969 genetische Verwandtschaft definiert: Die genetische Verwandtschaft „r" ist die mittlere Wahrscheinlichkeit dafür, dass ein bei einem Individuum beliebig herausgegriffenes Allel bei einem beliebig verwandten Individuum ebenfalls zu finden ist.
- Biologisch sinnvoll ist es, den Wert „r" aus dem Blickwinkel des „Genspenders" zu ermitteln, da diese Richtung der Weitergabe der Gene entspricht.
- Alle Allele des haploiden Vaters werden sicher an jede Tochter weitergegeben. Die Auftretenswahrscheinlichkeit der väterlichen Allele in den Töchtern beträgt 100 Prozent, oder, anders ausgedrückt, $r = 1{,}0$. Der Vater findet also jedes seiner Allele in jeder seiner Töchter wieder.
- Die statistische Wahrscheinlichkeit dafür, die gleichen Allele in der diploiden Mutter und ihren diploiden Töchtern zu finden, liegt bei 50 Prozent, oder $r = 0{,}5$, da eine Mutter in jede ihrer

Eizellen genau die Hälfte ihrer Allele packt. Eine Mutter findet also im Mittel die Hälfte ihrer Allele in einer bestimmten Tochter wieder.

- Die Wahrscheinlichkeit dafür, bei dem Vergleich von Vollschwestern auf die gleichen Allele zu treffen, ergibt sich aus der Zusammenfassung der vater- und mutterbezogenen Betrachtungen: Das halbe Erbgut eines Bienenweibchens stammt vom Vater und ist bei allen Vollschwestern identisch. Mathematisch ausgedrückt heißt das, 100 Prozent Identität bei 50 Prozent der schwesterlichen Gene. Das andere halbe mütterlicherseits weitergegebene Erbgut ist für jedes Gen nur mit 50 Prozent Wahrscheinlichkeit identisch, da die Mutter ja für jedes Gen zwei unterschiedliche Allele anzubieten hat. Auf das gesamte Erbgut bezogen heißt das 50 Prozent von 50 Prozent, also 25 Prozent Identität.

- Addiert man nun die beiden Werte, die sich aus der Weitergabe der Allele vom Vater und der Mutter ergeben, auf, so erhält man für den Vergleich der Schwestern untereinander 50% + 25% = 75%, oder $r = 0{,}75$ genetische Verwandtschaft.

Honigbienenschwestern besitzen demnach im statistischen Mittel drei Viertel ihrer Allele gemeinsam. In konkreten Fällen schwanken diese Werte in der Realität zwischen 50 Prozent gemeinsamer Allele (nur die väterlich vererbten Allele sind gleich) und 100 Prozent (väterlich und mütterlich vererbte Allele sind gleich).

Geklonte Tiere sind zu einhundert Prozent genetisch identisch; ihr Grad der genetischen Verwandtschaft beträgt $r = 1{,}0$.

Menschenkinder sind, rein statistisch betrachtet, zu fünfzig Prozent mit ihren Eltern genetisch gleich; hier beträgt der Grad der genetischen Verwandtschaft $r = 0{,}5$. Honigbienen liegen mit $r = 0{,}75$ dazwischen. Zur Verbreitung der eigenen Gene kann ein Bienenweibchen nach diesen Überlegungen also nichts Klügeres tun, als auf eigene Kinder zu verzichten und stattdessen seiner Mutter zu helfen, so viele seiner Schwestern wie möglich auf die Welt zu bringen.

Die sterilen Arbeiterinnen sollten sich untereinander zur Verbreitung ihrer Allele kooperativ unterstützen. Und genau das ist ja offenbar in Bienenkolonien der Fall.

Schaut man sich das Leben der Honigbiene jedoch genauer an, sieht die Sache etwas komplizierter aus.

Eine Königin paart sich auf dem Hochzeitsflug im Mittel mit zwölf Drohnen. Deren Samen befruchten die Eier der Königin, die sich später zu Weibchen entwickeln werden. Die Arbeiterinnen eines Bienenvolkes haben demnach alle die gleiche Mutter, da sie alle von derselben Königin abstammen, aber viele Väter. Alle Arbeiterinnen, die mit dem Samen des gleichen Drohn gezeugt worden sind, sind Vollschwestern. Zu den Weibchen mit anderen Vätern sind sie Halbschwestern. Und da man ja mit Vollschwestern mehr gemeinsame Allele besitzt als mit Halbschwestern (Abb. 9.1), sollte man seine Halbschwestern auch weniger unterstützen als seine Vollschwestern. Es ist demnach ein komplexes Spiel von Kooperation innerhalb der Vollschwestergruppen und Konflikt zwischen den unterschiedlichen Vollschwestergruppen zu erwarten.

Eine entsprechende differenzierte gegenseitige Behandlung der Bienen untereinan-

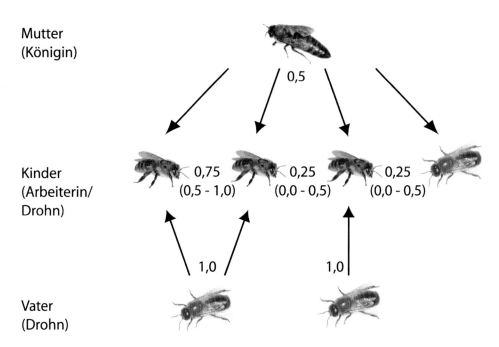

Mutter
(Königin)

0,5

Kinder
(Arbeiterin/
Drohn)

0,75   0,25   0,25
(0,5 - 1,0)   (0,0 - 0,5)   (0,0 - 0,5)

1,0   1,0

Vater
(Drohn)

9.1 Innerhalb des Superorganismus Bienenvolk gibt es viele Abstufungen der genetischen Ähnlichkeiten, ausgedrückt durch den Grad der Verwandtschaft „r". Die Königin und alle ihre Kinder teilen in jedem Einzelfall einen r-Wert von 0,5. Für Vollschwestern (gleiche Mutter, gleicher Vater) liegt der r-Wert zwischen 0,5 und 1,0 mit einem Mittelwert von 0,75. Für Halbschwestern (gleiche Mutter, unterschiedliche Väter) liegt der r-Wert zwischen 0,0 und 0,5 mit einem Mittelwert von 0,25. Brüder und Schwestern teilen sich einen r-Wert im Bereich 0,0–0,5 mit einem Mittelwert von 0,25. Väter teilen sich mit ihren Töchtern einen r-Wert von 1,0. Je größer die Anzahl der Väter wird, desto komplizierter werden die genetischen Verhältnisse. Wenn dann noch Arbeiterinnen beginnen, Eier zu legen, und somit Neffen entstehen, ergibt sich eine weitere Komplizierung der auftretenden r-Werte.

der würde auf jeden Fall verlangen, dass die Bienen ihre Halb- von Vollschwestern unterscheiden können.

Bienen können in der Tat am Geruch viel über andere Bienen in Erfahrung bringen. Die gröbste Unterscheidung ist dabei die Feststellung, ob eine Biene, die eine Kolonie betreten möchte, Koloniemitglied ist oder nicht. Diese Kontrolle wird von den Wächterbienen am Stockeingang vorgenommen (Abb. 9.2). Die Wächterbienen

beriechen den Neuankömmling bereits aus der Distanz (▶ Abb. 7.29) und befühlen ihn dann mit ihren Antennen. So stellen sie

9.2 Am Eingang zum Nest werden eintreffende Bienen durch Wächterbienen daraufhin untersucht, ob sie zur Kolonie gehören und eingelassen werden können oder ob sie „stockfremd" sind und keinen Zutritt erhalten.

über ihre Chemosinneszellen auf den Fühlern fest: Ist die kontrollierte Biene stockeigen oder stockfremd?

Lautet das Ergebnis „stockfremd", wird der Neuling aggressiv vertrieben. Dieser hat allerdings trotz allem durchaus eine Chance, eingelassen zu werden, indem er der kontrollierenden Biene einen Nektartropfen anbietet (▶ Abb. 7.30).

In Dressurexperimenten lässt sich zeigen, dass die Bienen zu noch viel feineren Unterscheidungen in der Lage sind: Sie können am Geruch der dünnen Wachsschicht, die als Verdunstungsschutz die Körperoberfläche jedes Insekts versiegelt, Vollschwestern von Halbschwestern unterscheiden. Machen sie Gebrauch von dieser Fähigkeit? Wann würde das Sinn machen?

Am sinnvollsten wäre der Einsatz dieser „Schnüffelidentifizierung", wenn es um das Entstehen neuer echter Geschlechtstiere geht, denn nur die Königinnen und die Drohnen haben ja eine Fortpflanzungszukunft. Das Heranziehen einer neuen Königin ist gleichbedeutend mit der Weichenstellung, welche Allele in einer kommenden Kolonie auftreten werden und welche nicht. Hier sollte ein hohes Konfliktpotential zwischen den unterschiedlichen Vollschwesterlinien einer Kolonie liegen.

Wir wissen so gut wie überhaupt nichts darüber, wie das Volk festlegt, wer die neue Königin wird. Spielen sich zwischen den Halbschwestern subtile Konflikte und Kämpfe ab, die wir noch nicht kennen? Spielen noch weitgehend unbekannte, aber doch aufgrund zahlloser Beobachtungen vermutete Verhaltensweisen von Arbeiterinnen, Jungköniginnen und Drohnen auf den Hochzeitsflügen eine Rolle?

Hier ist vieles noch vollkommen rätselhaft.

Ein weiteres Feld potenzieller Konflikte tritt auf, wenn Arbeiterinnen beginnen, selbst Eier zu legen. Das kommt bei der europäischen Honigbiene in 1 Fall unter 1 000 vor. Da solche Eier nur unbefruchtet sein können, entstehen daraus haploide Drohnen. In einem solchen Volk können also Drohnen auftreten, die von der Königin abstammen und mit denen die Königin den Verwandtschaftsgrad $r = 0,5$ aufweist, und es können von Arbeiterinnen gezeugte Drohnen auftreten, die aus Sicht ihrer Mutter ebenfalls einen Verwandtschaftsgrad von $r = 0,5$ besitzen. Mit einem Bruder ist eine Arbeiterin zu $r = 0,25$ verwandt; dieser Wert ist unabhängig von der Anzahl der Paarungen, da die Mutter ja zur Schaffung von Söhnen nur ihre eigenen Gene in den unbesamten Eiern einsetzt.

Richtig kompliziert wird es, wenn berechnet wird, wie groß der Grad der Verwandtschaft einer Arbeiterin zu den Söhnen ihrer Schwestern, also ihren Neffen, ist. Die Werte, die man hierbei erhält, hängen von der Anzahl der Paarungen ab, die eine Königin auf ihrem Hochzeitsflug eingegangen ist. Hat nur eine einzige Paarung stattgefunden, hat eine Arbeiterin zu den Söhnen ihrer Schwestern, die ja in diesem Falle alles Vollschwestern sind, einen Verwandtschaftsgrad von $r = 0,375$. Bei zwei Vätern sinkt der Grad der Verwandtschaft zu den Neffen mit $r = 0,1875$ schon unter denjenigen zu den Brüdern mit $r = 0,25$. Hat sich eine Königin zehn Mal verpaart, ergibt sich ein Verwandtschaftsgrad von $r = 0,15$ zu den Neffen. Rein theoretisch wäre es demnach für eine Arbeitsbiene in Anbetracht der natürlicherweise typischen Vielfachpaarungen jeder Königin genetisch vorteilhaft, die Söhne ihrer Schwestern zu töten, nicht aber ihre Brüder und schon gar nicht ihre eigenen Söhne mit Verwandtschaftsgrad r = 0,5.

Es wäre also zu verstehen, wenn sie Neffen, die ihr genetisch fremd sind, zu unterdrücken versuchte. Tatsächlich beobachtet man, dass Arbeiterinnen die Eier anderer Arbeiterinnen auffressen (Abb. 9.3). Dabei sollten sie allerdings die eigenen Eier und diejenigen ihrer Vollschwestern schonen und sich über die Eier ihrer Halbschwestern hermachen. Es ist bisher jedoch unklar, ob zwischen den eigenen Eiern, denen der Vollschwestern und denen der Halbschwestern wirklich unterschieden wird. Die Arbeiterinnen könnten auch „auf Nummer sicher gehen" und einfach unterschiedslos alle Eier, die nicht von der Königin stammen, auffressen.

Der quantitativen Bestimmung der genetischen Verwandtschaft zwischen den Mitgliedern einer Bienenkolonie liegt eine anspruchsvolle Theorie zugrunde. Der Grad der Verwandtschaft „r", der dabei berechnet wird, ist ein statistischer Mittelwert, der zwischen auseinander klaffenden Extremen liegt (Abb. 9.1). Trifft eine einzelne Honigbiene auf eine andere Honigbiene, Puppe, Larve oder ein anderes Ei, begegnet sie nicht einem berechneten statistischen Mittelwert für „r", sondern einem konkreten „r-Einzelwert". Kann eine Honigbiene diesen Wert bei der Begegnung mit anderen Tieren feststellen?

Die Vernichtung von haploiden Drohneneiern durch die Arbeiterinnen zeigt, dass zwischen den Eiern der Königin und denen der Schwestern unterschieden wird. Der Zufall in der Aufteilung der Allele muss aber dazu führen, dass eine Arbeitsbiene auf ein haploides Ei der Königin stoßen kann, mit dem sie überhaupt keine Gene gemeinsam hat, und andererseits auf

das Ei einer Schwester, mit dem sie die maximal mögliche Zahl der Allele gemeinsam hat.

Damit die Theorie funktioniert, müsste demnach nicht die abstammungsmäßige Verwandtschaft, sondern der Grad des gemeinsamen Erbguts feststellbar sein und die Behandlung des Gegenübers danach festgelegt werden.

Wie gut Honigbienen tatsächlich abgestufte Unterschiede im Grad der Verwandtschaft erkennen und nutzen können, müssen künftige Forschungen zeigen.

Vieles spricht aber im Fall der Eiervernichtung durch die Honigbienen für eine weniger komplizierte Erklärung: Es könnte sein, dass es das Hygieneverhalten der Arbeitsbienen ist (Abb. 9.3), welches sie die Eier von Arbeiterinnen vernichten lässt. Verfolgt man nämlich das Schicksal von Eiern der Arbeiterinnen, die vor dem Zugriff eierfressender Arbeitsbienen geschützt worden sind, fällt auf, dass aus ihnen nur extrem wenige Larven schlüpfen, dass also die Entwicklung des Embryo entweder gar nicht in Gang kommt oder der Embryo früh stirbt. Die Arbeitsbienen würden hier vor der – im Vergleich zur Feststellung abgestufter genetischer Ähnlichkeiten deutlich einfacheren – Aufgabe stehen, tote Eier von lebenden zu unterscheiden. Es wäre auch vorstellbar, dass die Eier der Königin an einem Duftstoff erkannt werden, den die Königin ihnen bei der Eiablage mitgibt und sie mit einem schützenden Kennzeichen versieht. Auch hier sind noch viele Fragen offen.

Die Geschlechtsbestimmung in Form einer Haplodiploidie war bei den Hautflüglern die „technische Voraussetzung", die eine Evolution von Superorganismen erst in Gang gebracht hat; sie liefert eine

Erklärung für die historische Wende vom Einzelleben über viele zunehmend komplexe Stufen hin zur Insektengemeinschaft, bis hin zur echten Sozialität, der Eusozialität.

Die Realität der heute lebenden Superorganismen Bienenkolonie „bringt Sand in das Getriebe der Theorie", wenn man allein die Verwandtschaftsverhältnisse als Erklärung für die aktuelle Bienenbiologie heranziehen möchte. Auf das Problem der großen Spannbreite der r-Werte rund um den jeweiligen statistischen Mittelwert wurde bereits hingewiesen. Noch einmal deutlich komplizierter wird es, wenn man die Anzahl der Paarungen einer Königin in die Überlegungen zum Grad der Verwandtschaft einbezieht. Nur wenn eine Mutter und ein Vater alle Bienen eines Volkes zeugen, gilt Hamiltons quantitative Überlegung. Da aber in einem Bienenvolk viele Väter ihre Spuren hinterlassen, trifft das für Bienenvölker, wie wir sie heute vorfinden, nicht zu. Die Arbeiterinnen eines Volkes sind im Mittel untereinander genetisch deutlich weniger identisch, als sie es mit eigenen Töchtern wären.

Haben wir hier, was die Anwendung der Theorie der Verwandtenselektion auf die heutigen Honigbienen angeht, also eine

Situation, auf die T. H. Huxleys (1825–1895) Klage passt: »The great tragedy of science is the slaying of a beautiful hypothesis by an ugly fact?« So dramatisch verhält es sich hier nicht. Hamilton war notwendig, um im Verlauf der Evolution die Bienen auf den Weg zum Superorganismus zu bringen. Die Haplodiploidie war das Substrat, auf dem sich die Hautflügler-Superorganismen entwickeln konnten. So ist gut vorstellbar, dass sich Schwestern bei der Nestgründung und der Jungenaufzucht gegenseitig geholfen haben, wie wir es bei einigen unserer heutigen Wespen finden. Aber was hält die Honigbienen noch heute auf diesem Niveau, wenn die Verwandtenselektion keine eindeutige Basis mehr hat?

Kooperation ist immer gut

Welche Vorteile haben die Bienen, wenn sie sich so verhalten, wie wir es beobachten? Und wieso entwickeln sich nicht alle neuen Arbeiterinnen einer Kolonie aus den Spermien eines einzigen Drohn, der die junge Königin besamt hat? Worin besteht also der Vorteil, dass die Arbeiterinnen einer Honigbienenkolonie so viele Väter haben?

Da es offenbar nicht eine enge genetische Verwandtschaft unter allen Mitgliedern der Kolonie ist, die einen „Rückfall" in das Leben von Einzelkämpfern verhindert, müssen andere Aspekte in den Mittelpunkt der Aufmerksamkeit rücken, die ein Auseinanderbrechen des Superorganismus verhindern.

War auf der Basis der Verwandtenselektion erst einmal der Weg zu Superorganismen beschritten, kamen nun plötzlich viele

9.3 Arbeiterinnen fressen Eier, die nicht von der Königin stammen, und grundsätzlich jedes Ei, das Defekte oder Entwicklungsstörungen aufweist. Für diese Bilder wurde ein Ei mit einer feinen Nadel leicht verletzt. Schon wenige Minuten später wurde es von einer Arbeitsbiene aus der Zelle geräumt (oben – weißer Ring) und anschließend aufgefressen (unten).

neue Erfindungen und Errungenschaften ins Spiel, deren Vorteile für die Gruppe offenbar größer waren und sind, als ein Auseinanderdriften durch „genetische Zentrifugalkräfte", wie oben geschildert. Es müssen Vorteile sein, die die Koloniemitglieder auch bei starken Schwankungen der „inneren Verwandtschaftsverhältnisse" in einem Superorganismus zusammenhalten lassen.

Genau wie jeder solitäre Organismus eine Physiologie besitzt, besitzt ein Superorganismus eine „Superphysiologie", die aus den Eigenschaften und Interaktionen der Koloniemitglieder hervorgeht. Es ist diese Soziophysiologie eines Superorganismus, die als mächtige Klammer die Koloniemitglieder beisammen hält und deren Eigenschaften von der Selektion im Wettlauf der Superorganismen untereinander bewertet werden. Die Eigenschaften der gesamten Gruppe sind der Phänotyp, an dem die Selektion wirksam wird. Gehört ein Tier einer gut bewerteten Gruppe an, ist es auf der Gewinnerseite. Solche Arbeitsbienen haben überlebt und sogar Allele aus ihrem Erbgut vermehren können, wenn auch nur indirekt durch ihre Mutter und ihre Brüder.

Eine wesentliche Ursache für den massiven genetischen Konflikt innerhalb einer Bienenkolonie ist die Mehrfachpaarung der Königin. Was also gewinnt der Superorganismus durch diese Mehrfachpaarungen der Königin, wenn er sich dadurch interne Konflikte einhandelt?

Viele Väter bedeuten viele unterschiedliche Allele, und das bedeutet Arbeiterinnen mit entsprechend vielen unterschiedlichen Eigenschaften.

Solche Unterschiede zwischen den Bienen betreffen unter anderem die Empfindlichkeit gegenüber verschiedenen Umweltreizen. Manche Väter zeugen reizempfindliche, andere reizunempfindliche Bienen. Die konkreten Folgen dieser großen Spannbreite an Empfindlichkeiten betreffen die Intensität, mit der eine Kolonie gegen äußere oder innere Störungen vorgeht. Wird es im Brutnest zu kalt, beginnen bestimmte Tiere schon bei einem sehr geringen Temperaturabfall zu heizen. Eine andere Bienengruppe schließt sich erst dann an, wenn die Temperatur noch weiter abgefallen ist, wieder andere bei noch tieferen Temperaturen (▶ Abb. 10.6). Es ist leicht einzusehen, dass eine Kolonie als Ganzes auf diese abgestufte Weise immer optimal auf Störungen reagiert, da genau so viele Kräfte mobilisiert werden, wie es der Stärke der Störung angemessen ist. Ein breites Spektrum von hochempfindlichen bis sehr unempfindlichen Bienen führt automatisch immer zur richtigen Reaktionsstärke der Kolonie.

Aber es sind nicht nur die gemeinschaftlich eingestellten klimatischen Lebensbedingungen im Nest, für die viele Väterlinien innerhalb einer Kolonie von Vorteil sind. Der Vorteil von Vielväterschaft im Bienenstock und damit einer „bunten" Zusammensetzung der Eigenschaften ihrer Mitglieder betrifft jeden Aspekt im Leben eines Bienenvolkes, der bisher daraufhin untersucht worden ist.

Auch die Krankheitsanfälligkeit einer Bienenkolonie sinkt mit der Anzahl der Väter, aus deren Töchtern eine Kolonie aufgebaut ist. Warum Bienenkolonien, hervorgegangen aus vielfach besamten Königinnen, deutlich weniger krankheitsanfällig sind als solche mit künstlich einfach besamter Mutter, ist vollkommen unverstanden. Diese Beobachtung lässt sich auf jeden Fall nur schlecht erklären, wenn man die Krankheitsresistenz der Einzelbienen betrachtet. Es ist eher zu vermuten, dass die Soziophysiologie einer genetisch heterogenen Kolonie besser auf Stressfälle aller Art, wie sie auch die Bedrohung durch Krankheitserreger darstellt, reagieren kann. Aus dieser Tatsache ergeben sich viele spannende Fragen für künftige Forschungen an Honigbienen.

10

Die Kreise schließen sich

Der Superorganismus Bienenstaat ist mehr als die Summe aller seiner Bienen. Er besitzt Eigenschaften, die man bei den einzelnen Bienen nicht findet. Umgekehrt bestimmen und beeinflussen Eigenschaften der gesamten Kolonie im Rahmen ihrer Soziophysiologie viele Eigenschaften der Einzelbienen.

Der Superorganismus Bienenstaat, ein komplexes adaptives System

Die Verhältnisse und Vorgänge in einem Bienenvolk sind hochkomplex, da ständig von tausenden Bienen gleichzeitig kleine Verhaltensbausteine beigetragen werden, die sich zum Gesamtverhalten der Kolonie zusammenfügen.

Komplexe biologische Systeme passen sich kurzfristig durch ihre Plastizität und langfristig durch die Evolution an relevante Aspekte der Umwelt an; sie besitzen die Fähigkeit zur Adaptation.

Die Tatsache, dass komplexe Systeme mit adaptiven Fähigkeiten in so unterschiedlichen Bereichen wie Natur und Technik zu finden sind, erlaubt uns eine allgemeine Beschreibung der Eigenschaften eines komplexen adaptiven Systems.

Unter einem komplexen adaptiven System versteht man nach der sehr umfassenden Definition des Informatikers John H. Holland (geb. 1929) »ein dynamisches Netzwerk mit vielen Akteuren (sie können Zellen, Spezies, Individuen, Firmen oder auch Nationen repräsentieren), die parallel und ständig agieren und reagieren auf das, was die anderen Akteure machen. Die Kontrolle eines komplexen adaptiven Systems tendiert dazu, verstreut und dezentralisiert zu sein. Wenn es ein zusammenhängendes Verhalten im System geben soll, muss dies aus dem Wettbewerb und der Kooperation der Akteure kommen. Das Verhalten des gesamten Systems ist das Resultat einer großen Anzahl von Entscheidungen, die von vielen einzelnen Agenten getroffen werden.«

Als Bienenforscher ist man von dieser – zugegebenermaßen trockenen – Definition begeistert, die man mehrmals durchlesen muss, um alle Facetten zu erfassen. Denn sie liefert einen theoretischen Rahmen für die Einordnung des Phänomens Honigbiene in alle vorstellbaren Systeme und bestätigt Eindrücke, die man bei der Beschäftigung mit Honigbienen intuitiv bekommt. Würde ein Bienenforscher versuchen, die besonderen Eigenschaften des Superorganismus Bienenstaat zu beschreiben, könnte die folgende Charakterisierung zustande kommen, die sich Punkt für Punkt mit der abstrakten Definition Hollands deckt:

„Der Superorganismus Bienenstaat ist eine anpassungsfähige komplexe Tiergemeinschaft, bestehend aus vielen tausend Einzeltieren, die ständig aktiv sind und in ihren Handlungen auf Gegebenheiten ihrer Umwelt und die Aktivitäten ihrer Nestgenossinnen reagieren. Eine übergeordnete Kontrollinstanz ist nicht vorhanden, sondern das Gesamtverhalten der Kolonie entsteht aus Kooperation der Bienen miteinander und Konkurrenz untereinander."

Ein komplexes adaptives System, wie der Superorganismus Bienenstaat, zeigt die Fähigkeit zur Selbstorganisation und zur Emergenzbildung. Andere wichtige Eigenschaften eines komplexen adaptiven Systems sind Kommunikation (für die Bienen dargestellt in Kapitel 4), Spezialisierung (für die Bienen dargestellt in Kapitel 8), räumliche und zeitliche Organisation (für die Bienen dargestellt in Kapitel 7) und Reproduktion (für die Bienen dargestellt in Kapitel 2).

Wie äußern sich Selbstorganisation und Emergenz in einem Bienenstaat?

Das Gleichgewicht muss gewahrt bleiben

In einem gesunden funktionierenden Organismus sind wichtige Lebensfunktionen im Gleichgewicht. Da äußere und innere Faktoren dieses Gleichgewicht stören können, sind Prozesse wünschenswert, mit denen das Gleichgewicht aktiv neu eingestellt werden kann. Diese Prozesse sollten Folgendes leisten: Fallen Werte unter eine gewünschte Größe, werden sie aktiv erhöht, sind sie zu hoch, werden sie gesenkt. Derartige Regelvorgänge finden über negative Rückkopplungen statt. Negative Rückkopplungen stellen Verbindungen zwischen verschiedenen Teilen des Systems und mit der Außenwelt her und sorgen für die Aufrechterhaltung der Homöostase. Unter Homöostase in einem biologisch-organismischen System, wie einer Bienenkolonie, versteht man die Selbstregulation eines Gleichgewichtszustandes. Der Begriff Gleichgewicht mag Ruhe und Stillstand suggerieren. Die geregelten Zustände in einem Bienenvolk sind jedoch alles andere als „eingefroren". Die Zielgrößen ändern sich laufend und sind nur durch hohe Daueraktivität des Volkes zu erreichen. Man könnte den beiden chilenischen Vordenkern Francisco Varela (1946–2001) und Humberto Maturana (geb. 1928) folgen und bei solchen hochdynamischen Fällen eher von einer Homöodynamik als von einer Homöostase sprechen. Bleiben wir aber der Einfachheit halber bei dem etablierten Begriff der Homöostase.

Die strukturellen Gegebenheiten eines geregelten biologischen Systems haben zwei Konsequenzen, die zu den Fundamenten der organismischen Biologie gehören:

- Erstens: Das Ganze ist mehr als die Summe seiner Teile, und es entstehen emergente Eigenschaften, die auf dem Niveau der Bausteine nicht vorhanden sind.
- Zweitens: Das Ganze bestimmt umgekehrt das Verhalten seiner Teile.

Solche gegenseitig rückgekoppelten Zusammenhänge zwischen dem Ganzen und seinen Teilen sind der Kern der organismischen Biologie, die aus ihrem Selbstverständnis heraus versucht, sowohl die Details als auch das Ganze zu sehen.

Die organismische Biologie würde ihrer selbstgestellten Aufgabe, die komplexen Phänomene des Lebendigen in ihrer Funktionsweise und ihrem biologischen Ziel immer besser zu verstehen, nicht nachkommen können, wenn sie nicht in einem umfassenden Forschungsansatz die Teile, das Ganze und die gegenseitigen Abhängigkeiten dieser Ebenen voneinander untersuchen würde. Honigbienen eignen sich bestens dafür, diesen Forschungsansatz zu verfolgen, denn die beiden Behauptungen zu Eigenschaften lebender Systeme – das Ganze ist mehr als die Summe der Eigenschaften seiner Teile und das Ganze beeinflusst die Eigenschaften seiner Teile – lassen sich an Bienenkolonien hervorragend studieren und belegen.

Zur ersten Aussage:
Die Kolonien der Honigbienen sind hochkomplexe Systeme mit vielfältigsten Rückkopplungsmöglichkeiten. Im Superorganismus Bienenstaat finden wir Homöostase auf den Ebenen der Körperfunktionen der einzelnen Bienen und als soziale Homöostase auf der Ebene der gesamten Kolonie. Die Einzelbiene ist in

ihren Körperfunktionen ausbalanciert und abgestimmt wie jedes andere gesunde Lebewesen. Der Bienenstaat weist darüber hinaus Gleichgewichtszustände auf, die nur durch die gemeinsamen Aktionen aller Koloniemitglieder erreichbar sind. Dazu gehören der Wabenbau, die Nestklimatisierung und die Nesthygiene. Solche nur in der Gemeinschaft auftretenden Fähigkeiten oder Eigenschaften, die einzelne Mitglieder der Gemeinschaft nicht besitzen und die die Soziophysiologie der Kolonie ausmachen, sind kennzeichnend für einen Superorganismus.

Zur zweiten Aussage:
Es wird immer deutlicher, dass die Soziophysiologie der Kolonie massiven Einfluss hat auf die Eigenschaften der einzelnen Bienen, so im Falle des gemeinschaftlichen „Erbrütens" von Eigenschaften individueller Bienen (▶ Kap. 8) oder des Wabenbaues (▶ Kap. 7).

Es ist vollkommen gleichgültig, an welcher Stelle der Bienenbiologie man mit der Analyse beginnt. Alles hängt mit allem zusammen. Das macht es prinzipiell problematisch, einzelne Regelkreise isoliert zu studieren.

Als erstes Beispiel für unseren Kenntnisstand über Regelkreise im Superorganismus Bienenstaat soll die Regelung der Brutnesttemperatur herhalten.

Nicht zu warm und nicht zu kalt

Regelung bedeutet, Abweichungen vom Sollwert nach beiden Richtungen auszugleichen. Die entsprechenden, für eine Temperaturregelung notwendigen Werkzeuge (Stellglieder) der Bienen sind identifiziert: das Wassereintragen und Fächeln zur Senkung der Temperatur und die Wärmeerzeugung durch die Flugmuskulatur zur Erhöhung der Temperatur. Die bienenerzeugte Wärme kann durch die Einleitung in leere Zellen im Brutbereich am effizientesten eingesetzt werden.

Dazu kommt die Rolle der Architektur des Brutnestes. Für eine gleichmäßige und energetisch optimale Bebrütung muss das Nest auf eine bestimmte Weise angelegt sein. Es gibt für jede Umgebungstemperatur eine optimale Dichte von unbesetzten leeren Zellen im gedeckelten Brutbereich, die zur Beheizung von innen heraus genutzt werden (Abb. 10.1). Sind zu wenige leere Zellen vorhanden, sinkt die Heizwirkung ebenso wie bei einem zu hohen Anteil an Löchern. Tatsächlich finden wir in den Brutnestern eines gesunden Bienenstaates einen Anteil von nicht besetzten Zellen, der zwischen fünf und zehn Prozent liegt. Der Anteil leerer Zellen zwischen den gedeckelten Puppenzellen kann aber auch niedriger oder höher ausfallen, je nach der mittleren Außentemperatur. Diese kann die Heizbemühung der Bienen unterstützen; dann sind weniger bis überhaupt keine leeren Zellen notwendig. Sie kann sie aber auch erschweren; dann müssen Zellen im gedeckelten Brutbereich frei gehalten werden. Ein Anteil leerer Zellen im gedeckelten Brutnestbereich, der deutlich höher als 10 Prozent, sogar über 20 Prozent liegt, kann infolge ungünstiger Umstände auftreten, die nicht mit der Klimaregulierung im Nest zusammenhängen. So kann eine hohe Anzahl ausnahmsweise diploider Drohnenlarven (▶ Kapitel 9), die dann von den Arbeiterinnen getötet und aus ihren Zellen entfernt werden, zu einem stark „gelöcherten" Erscheinungsbild des Brutnestes führen.

Die mittlere Temperatur, bei der sich eine Puppe entwickelt, beeinflusst die Eigenschaften der erwachsenen Biene. Das betrifft auf jeden Fall die Fähigkeit, selbst das Brutnest effektiv zu beheizen, möglicherweise auch den Beitrag, den diese Biene zur Optimierung der Brutnestarchitektur leistet. Die Brutnestarchitektur wiederum wirkt auf die Beheizbarkeit der Puppen und damit auf die entstehenden Bieneneigenschaften zurück. Es finden Vernetzungen und Rückkopplungen in kleinen und in großen Regelkreisen im Brutnest statt.

Ganz generell sind Rückkopplungen in Bienenkolonien in vielfältigen Ausprägungen zu finden. Es gibt rückgekoppelte schnelle oder langsame Reaktionen der Einzelbienen und des Superorganismus. Man findet für negative Rückkopplungen starke oder schwache Zusammenhänge zwischen Störung und Gegenreaktion. Es gibt kleinräumige oder großräumige geregelte Vorgänge im Bienenvolk.

Je nach Trägheit der eingesetzten physiologischen Mechanismen können Rückkopplungen rasch wirken oder aber nur langsam in Gang kommen. Das hängt von dem Zeitaufwand ab, der für die Feststellung des tatsächlichen Wertes (Istwert) eines bestimmten Parameters nötig

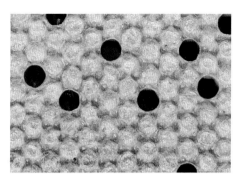

10.1 Das Brutnest der Bienen als sichtbares Resultat sozialer Homöostase. Das Erscheinungsbild des Brutnestes ist Ergebnis der Gemeinschaftsleistung aller Bienen. Eine Folge der architektonischen Details der Brutnestanlage ist die energetisch optimale Beheizbarkeit der Puppenzellen. Enthält der gedeckelte Brutnestbereich einen Anteil von 5–10 Prozent leerer Zellen, können die Heizbienen die von ihnen erzeugte Wärme optimal einsetzen.

ist, und von der Geschwindigkeit, mit der diese Messwertmeldung übertragen werden kann. Beziehen die Honigbienen die Information direkt aus Zeichen aus der Umwelt, erfolgt die Gegenregelung meist rascher als wenn die Bienen die Information indirekt über Kommunikationssignale erhalten. Werden die Aktivitäten der Bienen durch Kommunikation ausgelöst und koordiniert, hat das im Gegensatz zur Einzelerfahrung jeder Biene den Vorteil, dass Handlungen über Raum und Zeit hinweg und unabhängig von der individuellen Erfahrung ausgelöst werden können. Das klassische Beispiel hierfür ist die Tanzkommunikation. Aber auch im Brutnestheizverhalten finden wir Phänomene, die nur durch eine zugrunde liegende Kommunikation, deren Einzelheiten wir noch nicht kennen, zu erklären sind: Entfernt man Hunderten von Heizerbienen vorsichtig die letzten Antennensegmente, auf denen die Temperatursensillen sitzen, verhalten sie sich im Innendienst des Nestes nicht auffällig anders als intakte Bienen, aber sie heizen ein verdeckeltes Brutnest nicht. Gibt man dieser großen Gruppe „temperaturblinder" Bienen eine Handvoll intakter Heizerbienen hinzu, nehmen schon nach kurzer Zeit alle Bienen am Heizgeschäft teil. Da die behinderten Bienen die zu niedrige Brutnesttemperatur nicht direkt messen konnten und demnach von sich aus auch kein Heizverhalten zeigten, kann es sich bei dem ausgelösten gemeinschaftlichen Heizen nur um eine Rekrutierung zum Heizgeschäft und damit um eine Form der Kommunikation handeln. Die kleine Anzahl intakter Bienen hat in diesem Fall die große Schar der amputierten Tiere zum Heizen animiert.

Welcher Gleichgewichtspunkt einer geregelten Größe für den jeweiligen Organismus ideal ist, wird im Laufe der Evolution durch das Spiel von Änderung und Auslese ausprobiert. Die am höchsten entwickelten Systeme sind darüber hinaus in der Lage, nicht nur in langen Evolutionsprozessen herauskristallisierte feste Gleichgewichtswerte aufrechtzuerhalten, sondern auch ganz kurzfristig die Zielvorgabe für die Regelkreise dynamisch zu verändern und immer neuen Bedürfnissen anzupassen. Die Sollwerte in einem Bienenvolk, wie die optimale Größe des Brutnestes oder die Menge an Pollenvorrat, können sich in jahreszeitlicher Abhängigkeit stark verschieben, und es ist ein Ausdruck der Plastizität des Superorganismus, sich darauf jeweils neu einstellen zu können.

Treten für ein Bienenvolk neue Aufgaben in den Vordergrund oder ist der Umfang einer bestimmten Aufgabe gewachsen, gibt es drei Möglichkeiten, wie der Superorganismus auf die Herausforderung reagieren kann:

- Die Tiere, die sowieso mit der Erledigung dieser Aufgabe beschäftigt sind, erhöhen ihre Anstrengung.
- Es werden Tiere von anderen aktuellen Tätigkeiten abgezogen und der neuen Aufgabe zugeteilt. Dabei kann es zu Konflikten um die Ausführung unterschiedlicher Tätigkeiten kommen.

- Es werden Tiere aus einer „stillen Reserve" der Kolonie aktiviert.

Honigbienenkolonien reagieren meist mit einer Aktivierung stiller Reserven, deren Bereithaltung sie sich schon aufgrund ihrer starken Kopfzahl leisten können.

Die Regelkreise um Nektareintrag und Honigverbrennung

Im Superorganismus Bienenstaat gibt es viele geregelte „Wunschwerte". In seinem Buch *Honigbienen – Im Mikrokosmos des Bienenstockes* beschreibt der amerikanische Bienenforscher Thomas D. Seeley (geb. 1949) spannend seine Arbeit über die Regelkreise der Trachtquellenausbeutung eines Bienenvolkes. Ein optimaler Vorrat an Honig als Sollwert für das Bienenvolk unterliegt einer ganzen Reihe von Einflüssen. Dazu gehören als grobe Einflussgrößen das Angebot an Speicherplatz für den Honig in den Waben und der Abfluss durch den Honigverbrauch der Bienen.

Die massive Honigverbrennung für das Brutnest muss durch Eintrag von Nektar ausgeglichen werden. Das erledigen die Sammelbienen. Eine Regelung der Sammelbienenaktivität muss beides enthalten: die Aktivierung der Sammelbienen, wenn es ein sinkender Vorrat im Stock und ein gutes Angebot im Feld sinnvoll erscheinen lassen, und ein Herunterfahren der Sammelaktivität, wenn im Stock genügend Reserven vorhanden sind oder wenn bewährte Futterquellen versiegen. In beiden Fällen erfolgt die Rückkopplung über Kommunikationsmechanismen. Die Tänze aktivieren die stille Reserve des Bienenvolkes; zögerliche Abnehmerbienen auf den Waben und eigene Kommunikationsformen zum Zweck der Herabsetzung der Sammelkräfte bewirken das Gegenteil. Solche Rückkopplungen erlauben ein schnelles Reagieren der Kolonie auf entsprechend neue Situationen.

Im Detail erfolgt die Steuerung so: Ist das Nektarangebot im Feld gut, führen die Sammelbienen Rund- oder Schwänzeltänze auf. Dadurch werden ihre Nestgenossinnen zu zusätzlichem Nektareintrag angeregt. Dieser zusätzliche Eintrag kommt nicht etwa dadurch zustande, dass die einzelnen Bienen eifriger sammeln, sondern dadurch, dass die Anzahl der sammelnden Bienen ansteigt. Das Bienenvolk verfügt über erhebliche stille Reserven in Form untätiger Bienen, die durch die Schwänzeltänze aktiviert werden. Ein detailgetreues Bild über den Sammeleifer einer jeden einzelnen Honigbiene erhält man, wenn man jede Biene zum Zeitpunkt ihrer Geburt mit einem Mikrochip (RFID = *radio frequency identification*,

10.2 „Gläserne Bienen": Ein aufgeklebter Mikrochip ermöglicht die Identifizerung einzelner Bienenindividuen in einer beliebig großen Menge an Bienen und ist Voraussetzung für eine lückenlose Verhaltensüberwachung jedes so ausgerüsteten Tieres.

► Abb. 3.10) versieht, über den es möglich ist, ein Bienenleben lang jeden Ausflug minutiös festzuhalten (Abb. 10.2). So ließ sich zeigen, dass eine typische Sammelbiene im Mittel täglich 3–10 Ausflüge unternimmt.

Sind alle verfügbaren Speicherplätze im Nest gefüllt, werden die vom Sammelflug zurückkehrenden Bienen nicht mehr von den dafür zuständigen Abnehmerbienen entladen; zumindest verlängert sich die Zeit, die sie auf eine Abnehmerin warten müssen. Daraufhin führen die Sammelbienen einen Zittertanz auf (Abb. 10.4 rechts) und versuchen den Sammelbienen so zu signalisieren: „Weitere Sammelflüge haben keinen Sinn."

Sammelbienen können aber auch ganz direkt am Sammelplatz die Erfahrung machen, dass diese Quelle zu versiegen droht oder der Platz von zu vielen Sammelbienen besucht wird, die sich dann eher behindern als unterstützen. Solche Bienen „bepiepen" nach ihrer Rückkehr in das Nest andere Bienen, indem sie sich an sie drücken und einen hohen, kurzen Pieplaut von sich geben (Abb. 10.3).

Dieser Pieplaut beeinflusst als modulatorisches Signal Schwänzeltänze und Zittertänze. „Bepiepte" Schwänzeltänzerinnen stellen ihre Tänze ein. Außerhalb des Tanzbodens führt das „Bepiepen" zusammen mit den Zittertänzen zur Rekrutierung von weiteren Abnehmerbienen, um

10.3 Sammelbienen, die unattraktiv werdende Futterplätze besucht haben, ergreifen im Nest andere Sammelbienen und „erschüttern" sie mit hochfrequenten Pieplauten. Daraufhin stellen diese ihre Tänze ein. Werden unbeschäftige Abnehmerbienen „bepiept", werden diese aktiv und entladen den frischen Nektar der Sammelbienen.

die Nektarverarbeitungskapazität des Volkes zu erhöhen. Das macht im Konzert mit der Aufgabe der Zittertänze, wodurch Sammlerinnen in ihrem Sammeleifer gebremst werden, Sinn. Schwänzeltänze, Zittertänze und das „Bepiepen" stabilisieren den gesamten Nektarzustrom und die Nektarverarbeitung im Nest und führen bei beiden zu geringeren Schwankungen, als sie ein rasch schwankendes Angebot draußen im Feld ohne diese Rückkopplungen hervorrufen würde (Abb. 10.4).

Die gesamte räumlich-zeitliche Sammelaktivität eines Volkes ist auch das Resultat einer sinnvollen Behandlung alter und neuer Futterstellen durch die Bienen. Der die Arbeitskräfte lenkende Informationsfluss im Volk beruht auf den Tänzen und dem Verhalten der Abnehmerbienen, die ständig den direkten Vergleich zwischen unterschiedlichen Futterstellen schmecken.

So wird die Verteilung der Sammelbienen im Feld laufend optimal an die Möglichkeiten angepasst.

Regelkreise sind auch untereinander verbunden. So ist der Nektareintragregelkreis mit dem Wabenbauregelkreis verflochten. Finden die Nektarabnehmerbienen, die die Sammelbienen von ihrer Nektarfracht entladen und den Nektar in Zellen füllen, über mehrere Stunden keinen Speicherplatz mehr, beginnen ihre Wachsdrüsen neuen Baustoff zu produzieren, was wiederum eine neue Bautätigkeit auslöst und so zusätzlichen Speicherplatz schafft, wenn die Nisthöhle einen solchen Erweiterungsbau erlaubt.

Ein anderer „Wunschwert" im Superorganismus – ein Sollwert, wenn man sich technisch korrekt ausdrücken möchte – ist die Einstellung der lokalen Brutnesttemperatur. Die aktuelle Temperatur kann

10.4 Zur Regelung des Nektarstromes in das Nest sind zwei unterschiedliche Verhaltensweisen die „Drehknöpfe". Links: Schwänzeltänze rekrutieren weitere Sammelbienen und erhöhen so den Nektareintrag. Rechts: Zittertänze halten Sammelbienen von weiteren Ausflügen ab und senken so den Nektareintrag.

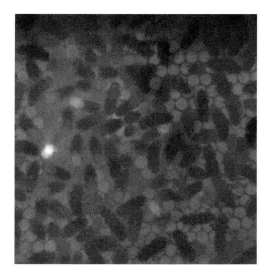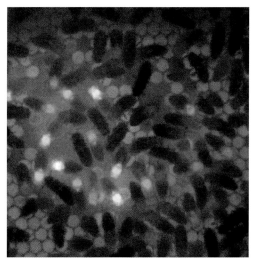

10.6 Liegt die Temperatur des gedeckelten Brutnestes nur leicht unter der Solltemperatur, sind nur wenige Heizerbienen im Einsatz (links); liegt die Brutnesttemperatur deutlich unter dem Sollwert, sind viele Heizerinnen aktiv (rechts).

höher oder niedriger sein als der angestrebte Sollwert, und sie kann geringfügig oder stark abweichen. Das bedeutet, ein entsprechendes Regelsystem im Superorganismus muss die Temperatur senken oder erhöhen können.

Ist die Temperatur im Brutnest zu hoch, treten Bienen in Aktion, die Wasser in das Nest eintragen und dieses auf den Zellrändern und Zelldeckeln dünn verteilen, und solche, die auf den Waben sitzen

und mit ihren Flügeln einen kühlenden Luftstrom erzeugen (Abb. 10.5). Ist es zu kühl, was in unseren Breiten meistens der Fall ist, treten die Heizerinnen in Aktion (Abb. 10.6).

Durch diese beiden Verhaltensweisen können die Bienen völlig entgegengesetzte Temperaturveränderungen bewirken.

Aber wie kommt es, dass nicht nur die Richtung der Veränderung (Kühlen oder Heizen) stimmt, sondern sogar der genaue Wert der Solltemperatur eingestellt wird? Wie wird erreicht, dass genau so viele Bienen aktiv werden, wie zum Ausgleich der unerwünschten Temperaturabweichung nötig sind?

Ein simpler, aber sehr wirkungsvoller Trick des Superorganismus besteht darin, dass unterschiedliche Bienen auf die verhaltensauslösenden Zeichen und Signale

10.5 Liegt die Temperatur des gedeckelten Brutnestes nur leicht über der Solltemperatur, sind wenige Fächelbienen im Einsatz (oben); liegt die Brutnesttemperatur deutlich über dem Sollwert, sind viele Fächlerinnen aktiv (unten).

mit unterschiedlicher Auslöseschwelle ansprechen. So finden wir Tiere, die bereits bei sehr geringer Temperaturerhöhung mit dem Fächeln beginnen. Schafft es dieser erste Fächeltrupp, die Überhitzung in den Griff zu bekommen, ist es gut. Schafft er es nicht, steigt die Temperatur weiter, und es werden die nächstempfindlichen Bienen durch die nun noch höhere Temperatur angeregt, ebenfalls zu fächeln (Abb. 10.5) – und so weiter. Sinkt daraufhin die Temperatur, hören die Tiere mit der höchsten Schwelle, die als letzte mit dem Fächeln begonnen haben, als erste wieder auf. Diese Methode ist höchst wirtschaftlich, da sie immer gerade so viele gegenregelnde Kräfte aktiviert, wie es der Stärke der Störung angemessen ist. Die stille Reserve besteht demnach nicht aus einer Truppe gleichartiger Bienen, sondern ist heterogen zusammengesetzt. Diese „bunte Bienenmischung" ermöglicht dem Superorganismus, auf aktuelle Probleme immer angemessen zu reagieren.

Bei welchem Wert die Schwelle der einzelnen Biene zur Auslösung einer Verhaltensweise liegt, ist vom Erbgut mitbestimmt. Dies ist eine der Folgen der Vielfachpaarung einer Bienenkönigin. Unterschiedliche Väter zeugen unterschiedliche Töchter mit unterschiedlichen Auslöseschwellen und somit eine große Bandbreite an Empfindlichkeiten. Je größer diese Bandbreite ist, desto genauer kann die Anzahl der Bienen, die zur Störungsbekämpfung eingesetzt wird, an die Stärke der Störung angepasst werden, und desto feiner abgestuft kann der Superorganismus handeln.

Die Schwellenwerte für bestimmte Aktionen können aber auch durch die Aufzuchtbedingungen im Brutnest der Bienen beeinflusst werden. Anders als die genetische Komponente ist dies ein langsamer Rückkopplungsweg, in dem offenbar durch die Bienen selbst manipulierte entwicklungsmäßige Umstellungen die entscheidende Rolle spielen.

Im Falle der durch Hybridzucht entstandenen Afrikanisierten Biene, der so genannten „Killerbiene", die aus der Europäischen Honigbiene *Apis mellifera carnica* und der Afrikanischen Honigbiene *Apis mellifera scutellata* hervorgegangen ist, zeigt sich das Resultat einer fehlenden Feinabstimmung in der Kolonieantwort. Ein Feindalarm soll, anders als die intime Tanzkommunikation, eine größere Anzahl Koloniemitglieder aktivieren, aber auch hier der Stärke der Bedrohung angemessen sein. In der „entgleisten" Alarmkommunikation der „Killerbienen"-Kolonien gibt es nur alles oder nichts. Bereits geringste Mengen der Alarmsubstanz Isopentylacetat, freigesetzt aus dem Stachelapparat der Bienen bei einem Stich, lassen das gesamte Volk aus dem Nest quellen und zum Angriff übergehen, mit häufig fatalen Folgen für das Opfer.

Krankheiten als Fehlregelung

Störungen der homöostatischen Zustände, die einzelne Bienen oder ganze Kolonien in Probleme bringen können, werden als Krankheiten sichtbar. Bienenkrankheiten werden in der Regel durch Pathogene oder Parasiten verursacht. Als Krankheitserreger kommen bei den Honigbienen Pilze, Einzeller, Bakterien oder Viren in Betracht. Parasiten wie die *Varroa*-Milbe stellen in diesem Zusammenhang nicht nur

10.7 Das gegenseitige Putzen der Arbeiterinnen ist angesichts der drangvollen Enge in einem Bienenvolk eine unerlässliche Vorsorge gegen das Ausbrechen von Epidemien.

eine direkte Bedrohung dar, sondern können auch als Überträger von Pathogenen dienen.

Honigbienen leben in einer unglaublichen Enge und in ständiger Tuchfühlung miteinander, so dass es nicht verwundern darf, dass sie im Laufe der Evolution zahlreiche Mechanismen erfunden haben, sich erfolgreich gegen Krankheiten zur Wehr setzen zu können.

Da ist zunächst die äußere Hülle der Biene, die Kutikula mit ihrer dünnen Wachsauflage, die Pathogene nur sehr schwer überwinden können. Ist diese erste Barriere aber vom Krankheitserreger durchdrungen, kommt das Immunsystem der Bienen ins Spiel, das Abwehrzellen in der Hämolymphe der Bienen aufweist und einen angeborenen molekularen Abwehrmechanismus besitzt. Diese Schranken findet man auch in gleicher oder ähnlicher Form bei nicht-staatenbildenden Insekten. Als Superorganismus verfügt die Honigbiene aber auch über Möglichkeiten, die den solitären Arten verwehrt sind. Diese Optionen betreffen in erster Linie das Verhalten der Bienen. Insbesondere die Hygiene im Nest wird durch spezielle Verhaltensweisen erreicht und aufrechterhalten. Ein Beispiel dafür ist das gegenseitige Putzen der Arbeitsbienen untereinander (Abb. 10.7).

10.8 Die Königin wird von ihren Hofstaatbienen nahezu ununterbrochen geputzt. Von allen Mitgliedern der Kolonie darf sie am allerwenigsten erkranken.

Das wertvollste Tier der Kolonie, die Königin, ist einer permanenten Körperpflege durch die Hofstaatbienen unterworfen (Abb. 10.8).

Vor der Eiablage wird die künftige Kinderstube gründlich gereinigt (Abb. 10.9).

Gibt es Todesfälle im Stock, müssen die Leichen so rasch wie möglich aus dem Volk entfernt werden (Abb. 10.10, 10.11).

Erkrankte Bienen werden von Innendiensttieren im Nest erkannt und aggressiv behandelt. Es ist noch unklar, worauf die

10.9 Eine wichtige Verhaltensweise für die Gesundheit des Volkes ist ein gründliches Putzen der leeren Zellen, in die die Königin nach erfolgter Reinigung ein Ei ablegt.

Identifizierung kranker Koloniemitglieder beruht. Möglicherweise fallen solche Tiere durch ein verändertes Verhalten und eine veränderte Chemie der Körperoberfläche auf.

Zur Abwehr von Krankheitserregern setzen die Bienen auch Fremdstoffe ein. Das Propolis, also die Harze, die die Bienen an Pflanzenknospen sammeln und in die Waben einbauen, haben antibakterielle und antimykotische Wirkung. Bienen gehen in die Apotheke der Pflanzenwelt und versorgen sich dort mit Medikamenten.

Krankheiten können aber auch das Verhalten beeinflussen. Im Mittelalter haben die Menschen bei uns im Falle von Epide-

mien die Städte verlassen und sind aufs Land gezogen, eine Verhaltensstrategie, die die Ausbreitung von Krankheiten gebremst hat. Honigbienen zeigen beim Auftreten von Krankheiten ebenfalls Verhaltensänderungen. Für kranke Einzelbienen fatal ist die Tatsache, dass Infektionen oder Parasitenbefall in der Regel die Orientierungsfähigkeit der Tiere beeinträchtigen. Kranke Tiere finden von den Sammelflügen nicht mehr zum eigenen Volk zurück. Sie bleiben draußen im Feld und sterben dort.

Diese Selbstreinigungsmethode des Superorganismus kann aber in ihr Gegenteil verkehrt werden, wenn die Völker vom

10.10 Tote Larven oder Puppen werden rasch erkannt und aus dem Nest entfernt.

10.11 Auch im Nest gestorbene erwachsene Bienen lösen das Hygieneverhalten der Bienen aus, die als Bestattungsbienen Leichen „über Bord" werfen.

10.12 Bienenvölker müssen aus praktischen Gründen im Vergleich zu natürlichen Wildpopulationen sehr eng gehalten werden. Das begünstigt die Ausbreitung von Krankheiten zwischen den Völkern.

Imker so dicht nebeneinander aufgestellt werden, dass die kranken Bienen zwar nicht mehr den eigenen, aber einen anderen nahe gelegenen Bienenstock finden und betreten (Abb. 10.12). Dann führt dieser Mechanismus, der von der Natur zur Abstoßung kranker Tiere entwickelt wurde, zur Verbreitung von Krankheiten in benachbarte Bienenvölker. Dieses Problem wird durch die Wächterbienen gemildert, aber nicht komplett gelöst.

Arbeitsteilung, dezentrale Kontrolle und Emergenz

Die Arbeitsteilung (▶ Kapitel 2 und 8) ist eines der Erfolgsrezepte staatenbildender Insekten. Diese Arbeitsteilung folgt bei den Honigbienen einer altersabhängigen Präferenz, bestimmte Aufgaben auszuführen. Am deutlichsten ist dies an der Tätigkeit der Altbienen als „Sammelbiene", aber im Prinzip für die meisten speziellen Aufgaben im Volk erkennbar. Bei den Honigbienen ist dieses System, die Aufgaben auf Altersgruppen zu verteilen, hoch flexibel. Entfernt man alle Jungbienen aus einem Volk, wird ein Teil der Alten „wieder jung" und entwickelt aktive Futtersaftdrüsen oder bei Bedarf auch aktive Wachsdrüsen. Wenn man umgekehrt alle Altbienen entfernt, werden auch Jungbienen sehr schnell zu Sammelbienen. Dieses anpassungsfähige System beruht auf einer genetischen Komponente, die sich dadurch ausdrückt, dass sich durch gezielte Zucht Völker schaffen lassen, in denen bestimmte Spezialisten überproportional häufig vertreten sind.

Die Anwesenheit von Spezialisten garantiert noch nicht deren sinnvollen Einsatz in einer Gemeinschaft. Honigbienen jedes Alters und jedes Berufs scheinen zu wissen, was zu tun ist, wann es zu tun ist, wo es zu tun ist und wie viel zu tun ist. Die Abfolge altersbedingter Tätigkeiten im Leben einer Honigbiene stellt das „Rohmaterial" zur Erfüllung aller Aufgaben im Superorganismus Bienenkolonie zur Verfügung. Das Ausmaß der im Bienenvolk anfallenden Arbeiten und die Menge an Kräften, die dafür aktiviert werden, entsprechen sich derart sinnvoll, dass man sich die Frage stellen muss, woher jede Biene die Antworten auf die oben gestellten Fragen kennt. Wer gibt die Befehle, und wer kontrolliert deren richtige Ausführung?

Die Antwort erscheint einfach. Sie haben eine Königin, die, so lässt zumindest ihre Bezeichnung vermuten, an der Spitze des Staates steht. Sucht man allerdings bei der Königin eines Bienenvolkes nach Anzeichen einer Kommandostruktur, so wird man nicht fündig – mit einer einzigen Ausnahme: In ihren Mandibeldrüsen erzeugt eine fruchtbare Königin die so genannte Königinsubstanz, die über die Trophallaxis unter allen Bienen im Stock verteilt wird und verhindert, dass sich die Eierstöcke der Arbeiterinnen entwickeln können. Das garantiert ihr, von seltenen Ausnahmen eierlegender Arbeiterinnen abgesehen, die reproduktive Vormachtstellung im Volk.

Diese Situation entspricht aber nicht einer Kommandostruktur im Sinne von Entscheideraktivitäten, sondern basiert auf der physiologischen Reaktion der Bienen auf ein Pheromon. Nur die große Menge an Bienen, die beeinflusst wird, schafft den Eindruck einer dominierenden Monarchin.

Superorganismen sind nicht hierarchisch aufgebaut. Das kollektive Verhalten

10.13 Die Schwarmbildung der Honigbienen hat zu dem Begriff der „Schwarmintelligenz" geführt.

der Bienen ist dezentral organisiert. Jede einzelne Biene trifft für sich alleine Entscheidungen, oder formal korrekt ausgedrückt, sie verhält sich so, als ob sie Entscheidungen träfe. Die Folgen dieser Entscheidungen sind kleine lokale Änderungen in der Kolonie. Diese kleinen Änderungen sind wiederum Reize für andere Bienen, die sich nach den neuen Kleinsituationen richten und ihrerseits Entscheidungen treffen. Aus den vielen derartigen Kleinentscheidungen im Bienenvolk resultiert dann das beobachtbare Makroverhalten der Kolonie. Schwarmverhalten, Wabenbau, Wabennutzung und

Erkundung der Nestumgebung sind derartige Makroverhaltensweisen des Superorganismus (Abb. 10.13 –10.16).

Qualitativ neue Eigenschaften, die durch Interaktionen zwischen Akteuren entstehen, werden als Emergenzen bezeichnet. Das Makroverhalten des Systems entsteht als emergente Folge vieler kleiner Schritte von „unten" nach „oben" und nicht umgekehrt.

Haben die beobachteten emergenten Komplexitäten keinen adaptiven Wert, sind sie also für den Superorganismus nicht von Vorteil, sind sie so sinnlos wie ein emergent entstehender wunderschöner

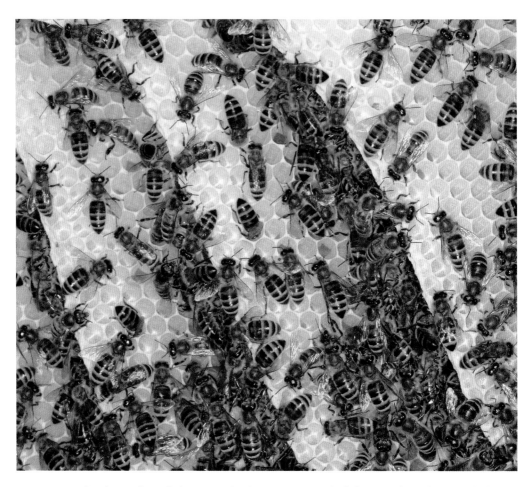

10.14 Der Wabenbau ist festgehaltener Ausdruck einer Gemeinschaftsleistung der Koloniemitglieder.

10.15 Die Wabennutzung wird durch die gegenseitige Beeinflussung der Bienen untereinander optimiert.

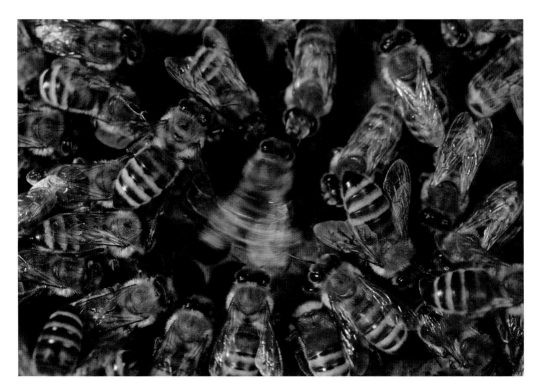

10.16 Kommunikation ist die Grundlage der Abstimmung von Verhaltensweisen.

Schneekristall? Die natürliche Auslese unter den Bienenkolonien hat dafür gesorgt, dass deren Makroverhalten adaptiv, damit sinnvoll und für die Kolonie von Vorteil ist.

Auf einen Betrachter wirkt das Verhalten des Superorganismus intelligent, da es als angemessene Lösung von Aufgaben und Problemen erscheint. Ein derartiges intelligentes Verhalten des Superorganismus wird als kollektive Intelligenz bezeichnet.

Das Studium der kollektiven Intelligenz von Superorganismen liefert nicht nur den Biologen aufregende Einsichten, sondern wird auch von zahlreichen mathe-matisch-technischen Spezialdisziplinen mit Interesse verfolgt. Kleine Bausteine mit begrenzten Fähigkeiten, die mit ihrer Umwelt, zu der dann auch andere derartige Bausteine gehören, wechselwirken und durch diese Mikroaktionen zu emergenten Makromustern führen, bilden die Grundlage der „Künstlichen Intelligenz" von Maschinen, zu der als Sonderfall auch die „Schwarmintelligenz" künstlicher Systeme gehört.

Man könnte die Welt der Computer mit ihrer hohen Komplexität und weiteren bienenstaatähnlichen Eigenschaften augenzwinkernd als ein Resultat „BEEonischer"

Forschung an Superorganismen betrachten. Tatsächlich verhält es sich aber oft genau umgekehrt: Einsichten der Mathematiker und Ingenieure, die sich mit komplexen Systemen befassen, bringen Biologen dazu, nach Mechanismen zu suchen, mit denen die Natur erfolgreiche formelle Prinzipien und Regeln in die Superorganismen eingebaut hat.

Honigbienen sind nicht nur faszinierend und höchst wichtige Agenten im Naturhaushalt. Ihren vernetzten Regelkreisen lassen sich auch Lösungen für komplexe Aufgaben abschauen und zum Vorbild für die Technik heranziehen. Dies ist eine weitere spannende Facette des Phänomens Honigbiene.

```
TAGTTCATCACCTCGAGTCCGAATGAAGACGAGAAGGGGA
AGAGAGACGCGGTCAAGGGACCGAAGATATCGATCATCCT
GAAACTATCCACGACGTAGGGATCGTCGGCAGCGTTTTTT
TAGTGTTTCGTCGTGTGTCCCTCCCCCCGTTGCTCGGGGA
GGGCCGGCGACTTTGGTTACCGAAGAAGAAGGAGGAGAAG
ATGAGCGTAGGAGGGAGGAATCGAGGGGGAAGGGAATCGG
AGGTAGGTTTACGGGAATCGATGCGTGGCCCCCATGGTTG
TGTGTCGGACGCTTGACTCGGGGATTTGAAACTTAACCCT
GATTTCTCTTTTTTCCCCCCGCGAGCATTTCGGTGAAAAA
TTCGTATTCGTATCGACCTATTTCGATCCGATTCAAAATA
CAAATAAGAAGGAAAGATTCGGATAATTCGAANAAAATAA
TACCTCGAGCGAAGGATGGATCCCGACGAATTCACCGATT

TAGTTCATCATTTTATCTTCCAAAACTTCAGAAGCAAATC
CAGTCGAAGACACAAAGATGAGATTCAGCCTGACCCCGCA
GGACGCGATGAAAATGGTGGCCAGGTTACCAGGAGGGATT
AGGCGAGAT                                CGTCGG
CTTTCTCCT                                TTTTTC
TGGCGGAAC                                TTGGAA
GAGCAATCC                                ATCGTT
TTCTTTCTT                                CTAATA
TAATTCCACGCTCACCTCGGTTAATAATAACGACAACGAT
ACATTTGAAATTCAAATGTATATCCGTTTCTTCTTTGTTT
CGTTATTATTAGATTCGTCTCGTTCAACTATACATATCTT
CTTATAATCCCTTGCTGAATAATTTTACACGATTCTCTA

TAGTTCATCAAATTTTTCAAATTGGGGGAGAGAATTTTCA
CCCGTTTTTCGTGACGGATACTTATACCGATGCAGTGAAAA
CGTCTCACTTTACGATGTATCGTGATATTATACGTTGAGG
GATAAAAATAAGGAGGAGGAGGAATTGATAAAAATAAGGA
GAGGAANNGANAAAAAGAANGATTTTTTTTTTAANAAAAGG
GTGGTTGGGAGAGGGAGGAGGGGGTATTGGGGAATTGGAT
```

Das Genom der Honigbiene ist vollständig entschlüsselt. Die Buchstaben stehen für die Basen Adenin, Guanin, Cytosin und Thymin. Die Reihenfolge der Buchstaben ist der Text, der dann in die Eiweißbausteine der Biene umgesetzt wird. Nach dem hier wiedergebenen Ausschnitt ihres Erbgutes bauen die Honigbienen die Bestandteile auf, die dann in den Kopfdrüsen zu Gelee Royale, der Schwesternmilch (▶ Kapitel 6), zusammengemischt werden.

Epilog

Ausblicke für Biene und Mensch

Das Interesse des Menschen an der Honigbiene ist uralt. Besaßen die Bienen für unsere Vorfahren vor allem als Honig- und Wachsproduzenten Bedeutung, erlebt das Interesse an Bienen beim modernen Menschen offenbar aus anderen Gründen eine echte Renaissance. Albert Einstein (1879–1955) soll einmal gesagt haben: »Wenn die Biene von der Erde verschwindet, dann hat der Mensch nur noch vier Jahre zu leben; keine Bienen mehr, keine Bestäubung mehr, keine Pflanzen mehr, keine Tiere mehr, keine Menschen mehr ...« Dieser Satz sollte, was seine Zeitangabe anbelangt, nicht absolut aufgenommen, sondern eher als „Einsteinsche Bienen-Relativität" verstanden werden. Er besitzt aber einen wahren Kern. Bienen sind sowohl Gradmesser für eine intakte Umwelt als auch wesentliche nachhaltige Umweltgestalter mit einer Bedeutung, die nicht hoch genug eingeschätzt werden kann.

- Wir verstehen zunehmend, wie wichtig die Honigbiene zur Aufrechterhaltung der Biodiversität ist. Selbst wenn eine ästhetisch schöne bunte Blumenwiese für Manche kein ausreichendes Argument ist, sollte es doch nachdenklich machen, dass sich die Tätigkeit von Bienen bis auf den Rinderbraten auf unserem Teller auswirkt. Die Qualität von Rindfleisch steigt mit der Anwesenheit von Honigbienen, da sie für Pflanzenvielfalt auf der Weide sorgen. Und dies ist nur ein Beispiel für das weit verzweigte Wirken der Honigbienen in natürlichen und menschgemachten Ökosystemen.

- Ohne die Honigbiene ist in unseren Breiten ein Management nachwachsender Rohstoffe, dem in Zukunft immer mehr Bedeutung zukommen wird, nicht durch-

führbar. Mensch und Honigbiene sind in einer modernen Kulturlandschaft in gegenseitiger Abhängigkeit verbunden. Ohne Honigbienen gibt es keine Nachhaltigkeit in der Landwirtschaft.

- Die Honigbiene kann mit ihrem Gesundheitszustand als Gradmesser für den Zustand der Umwelt dienen, die der Mensch schafft und in der auch er leben muss.

- Die Honigbiene eignet sich wie kaum ein anderes Lebewesen dafür, bereits bei jungen Menschen das Interesse an komplexen biologischen Zusammenhängen zu wecken und zu fördern, so dass diese eines Tages selbst die Verantwortung für eine lebenswerte Umwelt übernehmen können.

- In der Grundlagenforschung ist die Honigbiene eine unerschöpfliche Quelle, aus der ebenso »BEEonische« Ideen für technische Umsetzungen wie Einsichten in die innere Organisation eines biologisch höchst erfolgreichen Superorganismus gewonnen werden können.

- Honigbienen bieten für die biomedizinische Grundlagenforschung eine lange Liste höchst relevanter Ansätze: Ihr angeborenes Immunsystem, dessen Erforschung wichtige Erkenntnisse für den Menschen verspricht, eignet sich hervorragend zum Studium von Grundsatzfragen. Die extrem unterschiedliche Lebensspanne genetisch gleicher Bienen, die aber unterschiedlichen Umweltbedingungen ausgesetzt sind, bietet der Alterungsforschung ein weites Feld. Die optimale Aufzuchttemperatur der Bienenpuppen, die unserer eigenen Körpertemperatur auffallend nahe liegt, eröffnet spannende Fragen.

Ein flächendeckender gesunder Bestand an Honigbienen ist unverzichtbar für die Ökologie und Ökonomie vieler Regionen dieser Erde. Dieser Bestand kann nur aufrechterhalten werden, wenn wir Innenleben und Funktion des Superorganismus Bienenvolk so gut verstehen, dass wir ihn, wo nötig, gezielt unterstützen können. Dazu ist eine zunehmend aufwendigere Grundlagenforschung in enger Zusammenarbeit mit der imkerlichen Praxis unabdingbar. Die ganzheitliche Betrachtungsweise der organismischen Biologie bietet uns einen Rahmen, innerhalb dessen wir den Geheimnissen der Honigbienen mit den modernsten physikalischen und molekularbiologischen Methoden auf den Grund gehen wollen.

Unterstützen wir die Honigbienen, so unterstützen wir uns selbst.

Literaturangaben

Barth FG (1982) Biologie einer Begegnung: Die Partnerschaft der Insekten und Blumen. Deutsche Verlags-Anstalt, Stuttgart

Bonner JT (1993) Life cycles. Reflections of an evolutionary biologist. Princeton University Press, Princeton

Camazine S, Deneubourg JL, Franks NR, Sneyd J, Theraulaz G, Bonabeau E (2001) Self-organization in biological systems. Princeton University Press, Princeton Oxford

Dawkins R (1982) The extended phenotype. Oxford University Press, Oxford

Frisch Kv (1965) Tanzsprache und Orientierung der Bienen. Springer, Berlin Heidelberg New York

Frisch Kv, Lindauer M (1993) Aus dem Leben der Bienen. Springer, Berlin Heidelberg New York

Gadagkar R (1997) Survival strategies. Cooperation and conflict in animal societies. Harvard University Press, Cambridge Mass.

Johnson S (2002) Emergence. The connected lives of ants, brains, cities, and software. Simon & Schuster, New York London

Lewontin R (2001) The triple helix. Harvard University Press, Cambridge Mass.

Lindauer M (1975) Verständigung im Bienenstaat. G. Fischer, Stuttgart

Maynard Smith JM, Szathmary E (1995) The major transitions in evolution. Oxford university press, Oxford

Michener CD (1974) The social behavior of the bees. Belknap Press of HUP, Cambridge Mass.

Moritz RFA, Southwick EE (1992) Bees as superorganisms. An evolutionary reality. Springer, Berlin Heidelberg New York

Nitschmann J, Hüsing OJ (2002) Lexikon der Bienenkunde. Tosa, Wien

Nowottnick C (2004) Die Honigbiene. Die neue Brehm-Bücherei. Westarp Wissenschaften, Magdeburg

Ruttner F (1992) Naturgeschichte der Honigbienen. Ehrenwirth, München

Seeley, TD (1995) The wisdom of the hive. The social physiology of honey bee colonies. Harvard University Press, Cambridge Mass. [deutsch (1997): Honigbienen. Im Mikrokosmos des Bienenstocks. Birkhäuser, Basel Boston Berlin]

Seeley TD (1985) Honeybee ecology. Princeton University Press, Princeton

Turner JS (2000) The extended organism. The physiology of animal-built structures. Harvard University Press, Cambridge Mass.

Wenner AM, Wells PH (1990) Anatomy of a controversy: The question of a dance „language" among bees, Columbia University Press, New York

Wilson EO (1971) The insect societies. Harvard University Press, Cambridge Mass.

Winston M (1987) The biology of the honey bee. Harvard University Press, Cambridge Mass.

Bildnachweis

Brigitte Bujok, BEEgroup: Steckbrief 26, 1.1, 8.5, 10.6

Brigitte Bujok, Helga Heilmann, BEEgroup: 4.16, 4.17, 4.18, 4.19, 4.20, 4.21, 4.23

Marco Kleinhenz, BEEgroup: 4.22, 8.12

Marco Kleinhenz, Brigitte Bujok, Jürgen Tautz, BEEgroup: 3.3

Barrett Klein, BEEgroup: 7.16

Axel Brockmann, Helga Heilmann, BEEgroup: 4.9

Mario Pahl, BEEgroup: 4.11

Rosemarie Müller-Tautz: 4.3, 4.7 rechts

Thermovision Erlangen und BEEgroup: Eröffnung Kap. 8, P. 4, 8.2

Jürgen Tautz, BEEgroup: 5.6 rechts

Olaf Gimple, BEEgroup: 6.15, 6.16 links

Rainer Wolf, Biozentrum Universität Würzburg: 4.5

Fachzentrum Bienen, LWG Veitshöchheim und Helga Heilmann: 4.7. oben

Index